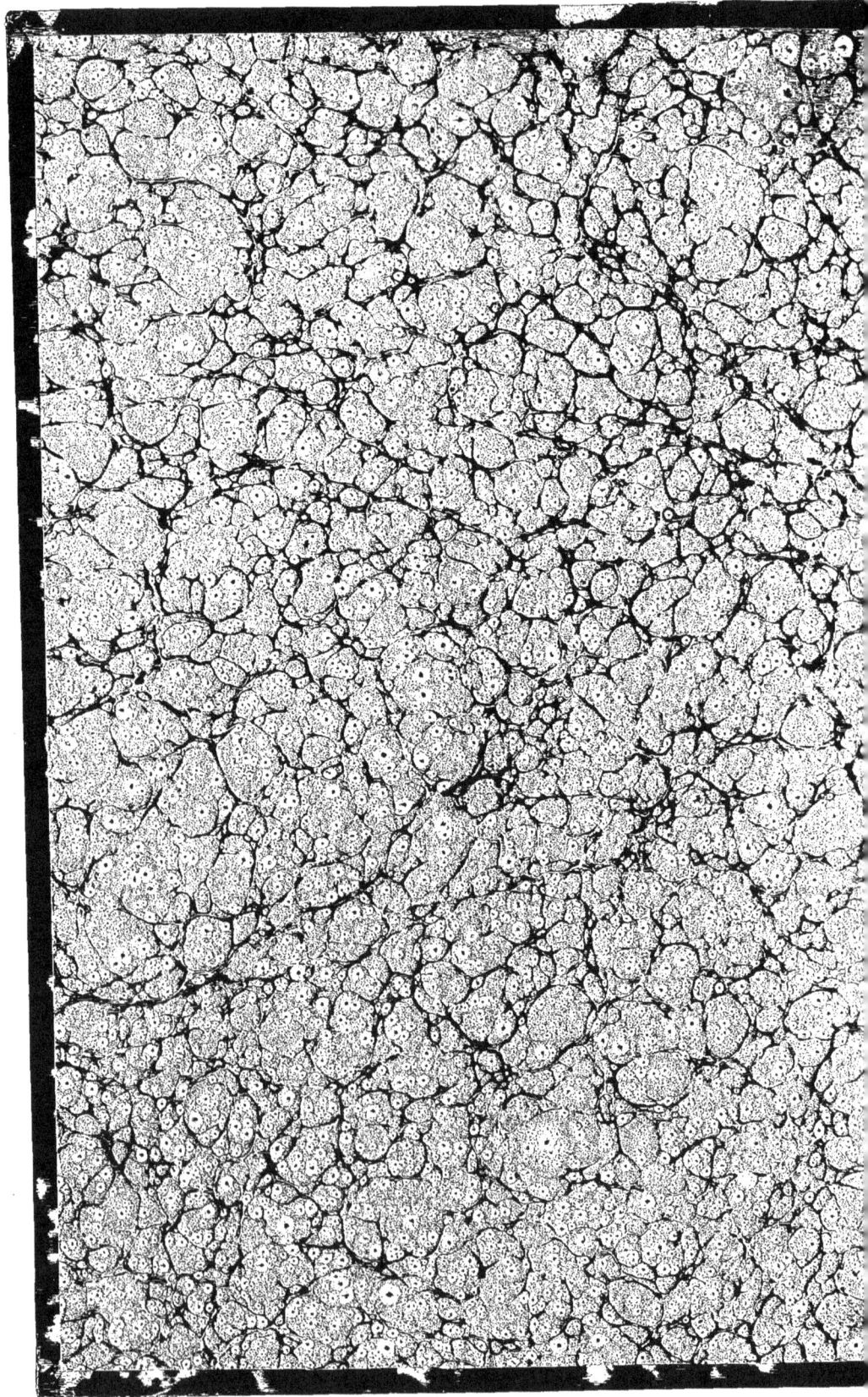

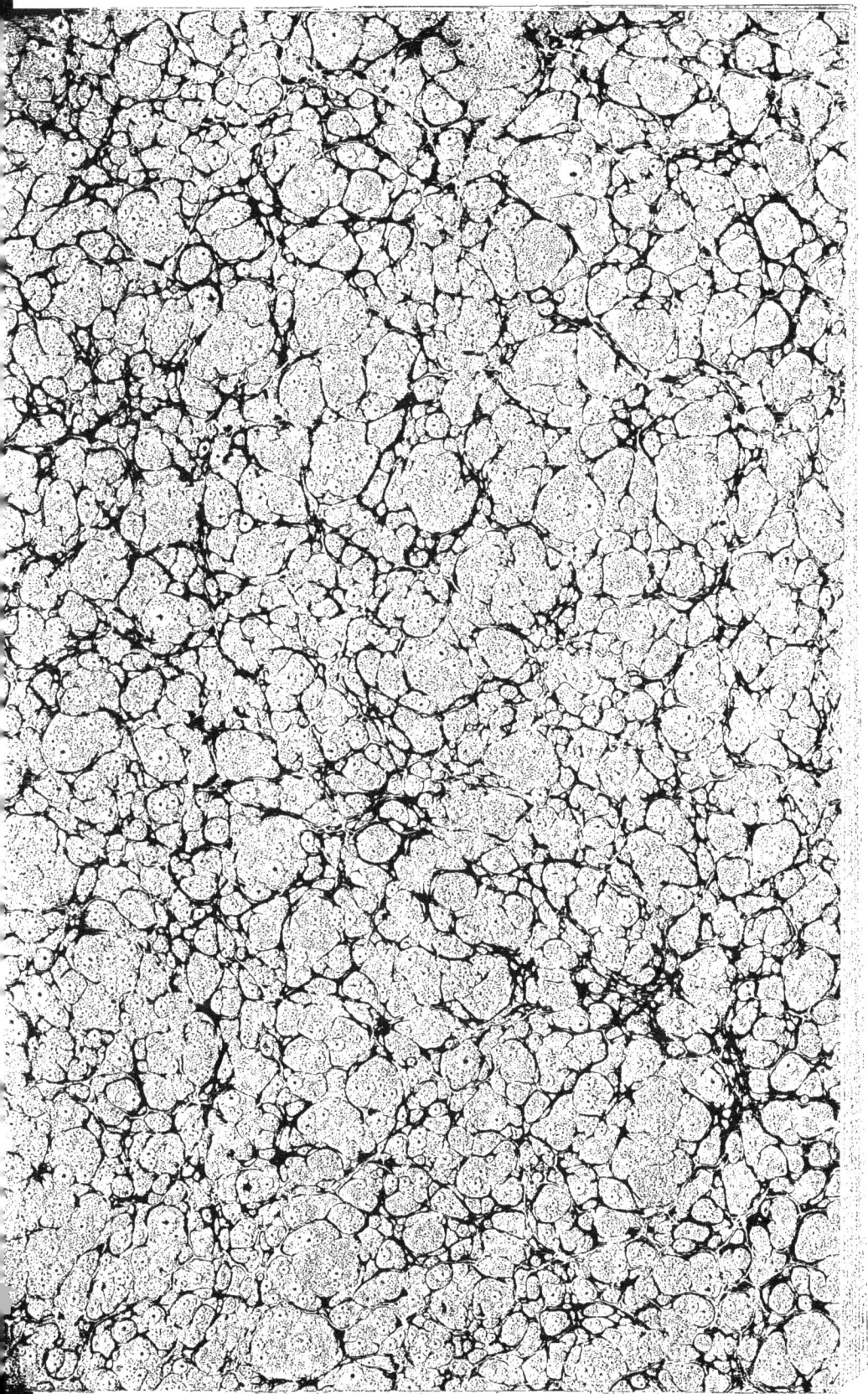

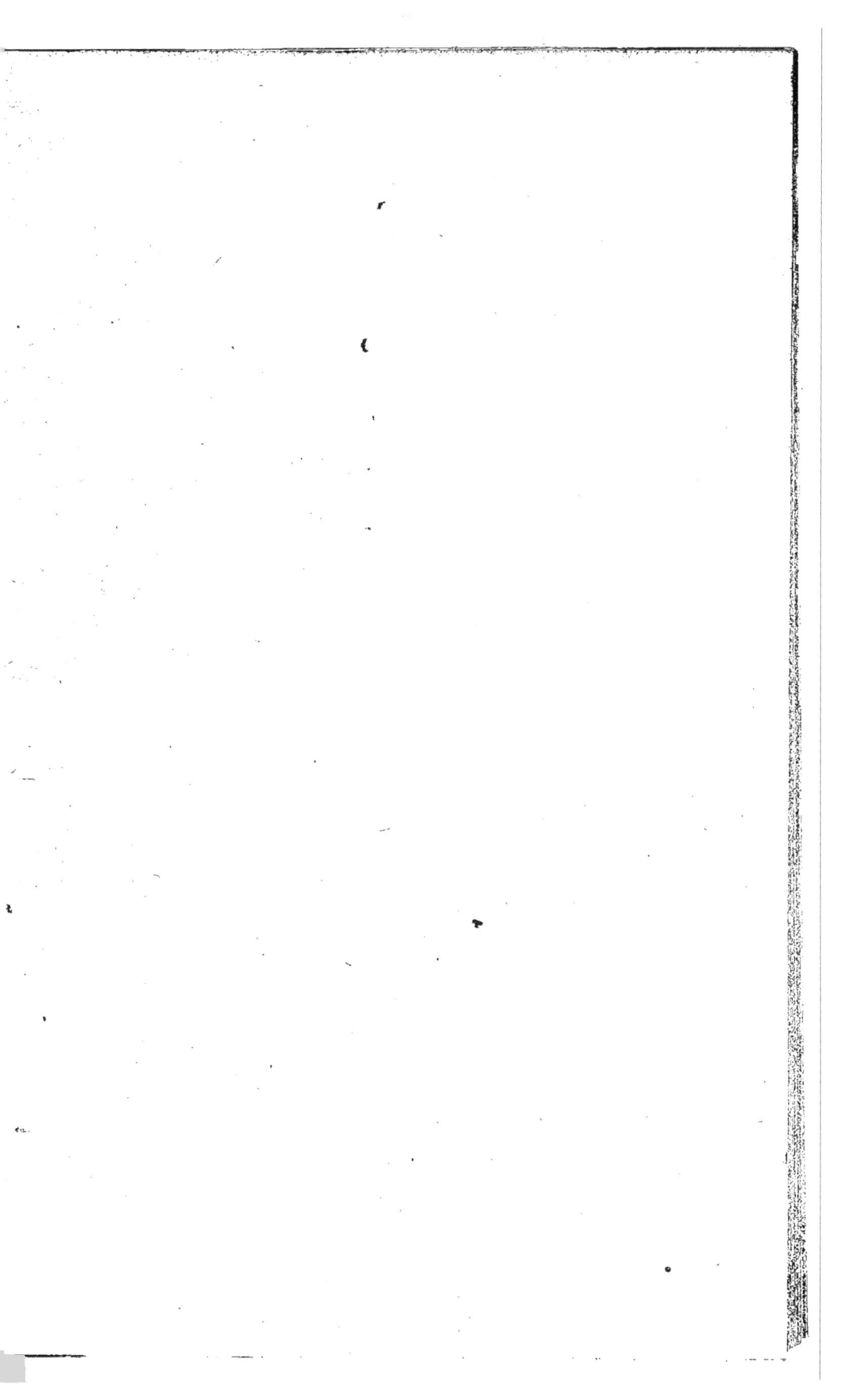

TRAITÉ

DE LA

TENUE DES LIVRES

EN PARTIE DOUBLE.

AVIS.

Le dépôt exigé par la loi a été fait.

Les contrefacteurs et les débitans d'édition contrefaite, seront poursuivis; seront réputés contrefaits les exemplaires qui ne porteront pas la signature de l'Auteur.

VALENCE, DE L'IMPRIMERIE DE MARC AUREL FRÈRES.

TRAITÉ

DE LA

TENUE DES LIVRES

en partie double

A L'USAGE

DES MOULINIERS, FILEURS ET MARCHANDS

DE SOIE.

Par Beautheac aîné.

A VALENCE,

CHEZ MARC AUREL FRÈRES, IMPRIMEURS-LIBRAIRES,

GRAND'RUE, N° 3;

ET A PRIVAS, CHEZ L'AUTEUR.

———

1836.

Fournitures de Comptoir.

Pour la commodité des personnes qui désirent tenir leurs écritures d'après le présent Traité, l'Auteur fait confectionner des registres parfaitement identiques dans leur forme et leur réglure.

On trouvera chez lui, sur beau papier, belle reliure ;

Registres
- Journal Général.
- Grand-Livre.
- Copie de lettres.
- Journal des ouvriers.

Cahiers en feuilles, pour le brouillard.

Le tout au plus bas prix.

AVANT-PROPOS.

L'ART de tenir les livres en partie double est presque totalement ignoré des mouliniers et marchands de soie, on trouve seulement aujourd'hui quelques jeunes gens destinés à ce commerce, qui, contre toute habitude antérieure, ont ajouté à leur éducation l'étude de la comptabilité; mais quoique la théorie en soit le début inévitable, la pratique en étant le complément, sans lequel tout est perdu, on voit nos nouveaux commerçans trop raides sur le principe pour le faire plier, sans le détruire, à tous les cas qui peuvent se présenter, dans la profession à laquelle ils se destinent.

J'ai pensé que l'ignorance d'une science qui devrait toujours précéder toute entreprise commerciale, était causée par le manque de traités spéciaux où le commerçant pût trouver des exemples identiques avec ses opérations journalières; ces considérations m'ont engagé

à publier une Tenue des Livres où les comparaisons seront parti-
culières au commerce des soies, par la ressemblance des cas qui y
seront traités.

Pour atteindre ce but, il a fallu faire, pour ainsi dire, un code de
comptabilité où la règle de chaque opération particulière fût tellement
distincte que le teneur de livres pût, dans un clin d'œil, trouver ce qui
lui était propre; j'ai supposé que Paul, mon élève, débute dans la car-
rière commerciale comme simple moulinier et s'élève graduellement,
avec la fortune, jusqu'à la profession de moulinier-négociant. Je prends
avec lui le style préceptoral, et, pour faciliter l'intelligence du lec-
teur, je le mets toujours en rapport avec des choses et des noms réels,
connus au commerce des soies.

Ainsi il sera successivement :

1° Moulinier à façon, c'est-à-dire, chargé d'ouvrer la soie d'autrui
à tant la livre, sans ou avec support de déchet ;

2° Moulinier achetant et ouvrant pour son compte ;

3° Enfin moulinier-négociant, associé, commissionnaire en soies
grèges, fileur, faisant des opérations de banque et des comptes en participation.

Chacun de ces trois degrés sera clos par un inventaire général, le
troisième sera même suivi d'un compte de liquidation, et, pour com-
pléter l'ouvrage, il sera donné quelques exemples d'arithmétique
commerciale.

En faisant suivre à notre élève les diverses phases de sa profession,
il tirera de la comptabilité de chacune, des inductions générales qui
le rendront capable d'écrire, sans le secours d'autrui, toutes sortes
d'opérations ; avec ce guide, il acquerra une science dont un commerce étendu et régulier ne peut se passer, ni la remplacer par les
modes plus ou moins défectueux que l'incapacité et la routine lui
substituent.

Il est de l'intérêt des marchands de soie qui ont leurs enfans aux écoles, de les munir de ce traité, le professeur dirigera ses leçons dans un sens plus profitable aux besoins de son élève; celui-ci, par l'attrait de questions plus familières, se pénétrera plus tôt et plus sûrement de l'art qu'il veut apprendre.

Il est encore des personnes qui ne doivent pas rester étrangères à l'étude de la comptabilité, ce sont les ouvriers chez qui l'on reconnaît assez d'intelligence pour devenir au moins contre-maîtres, sujets qui manquent totalement et dont l'absence laisse le métier sans progrès et la direction de l'atelier sans l'unité et la force morale que donne la capacité. J'ai travaillé aussi pour ceux-là; je compte sur la sollicitude des chefs, pour me voir seconder dans mes vues.

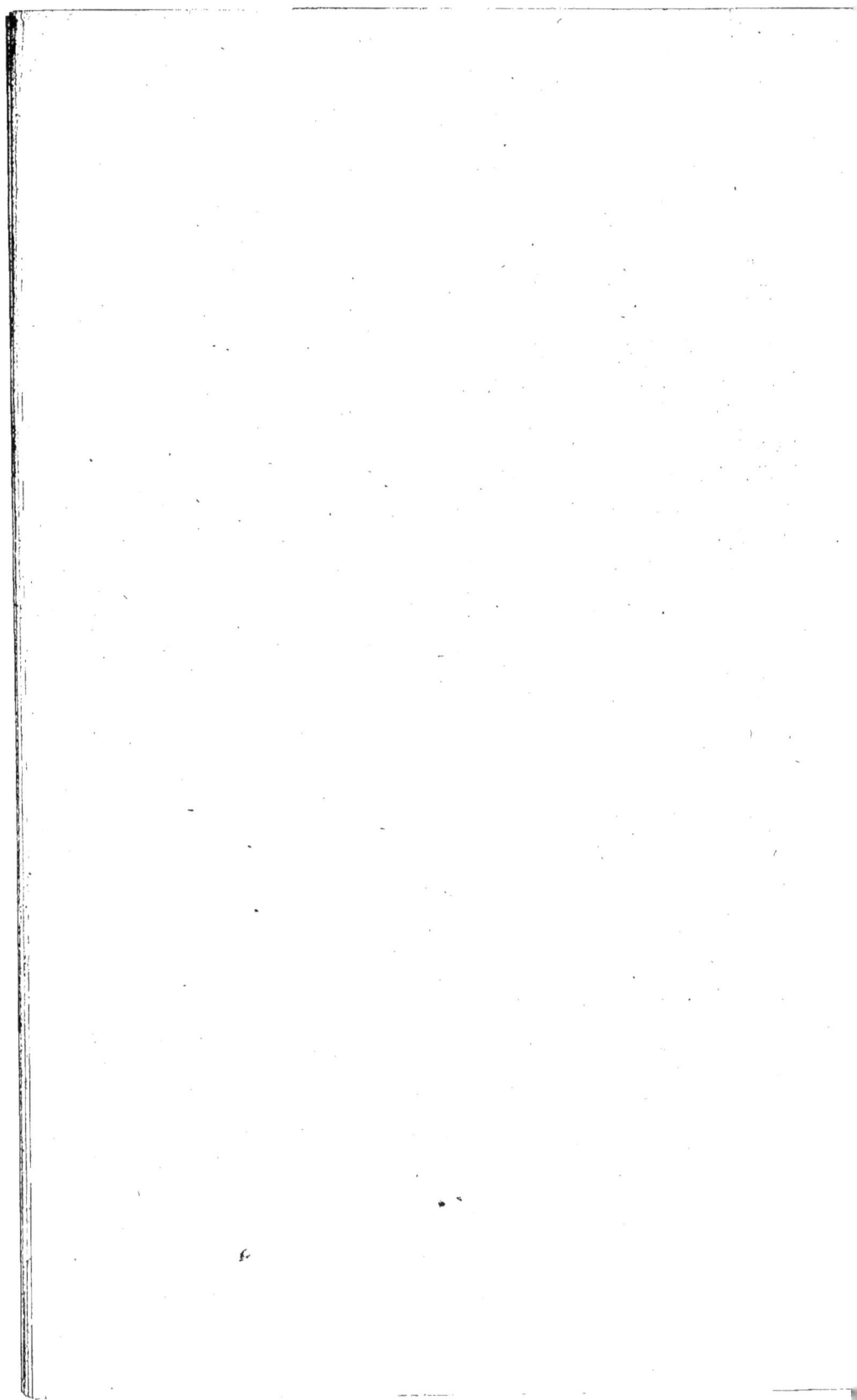

De l'Esprit

DE

LA PARTIE DOUBLE.

Quelques notes, jetées confusément sur le papier, furent la première comptabilité écrite; plus tard, le désir d'en former des catégories, représentant chacune la nature de l'objet commercé, fit imaginer l'emploi de plusieurs registres : les uns pour les ventes et achats, les autres pour les emprunts et négociations, etc.

Par ce dernier mode, on classait les opérations, mais on les déliait de l'unité commerciale, vers laquelle doit tendre toute comptabilité, car une opération est, en elle-même, une convention où figurent au moins deux parties, et s'il faut qu'elles aient chacune leur compte distinct, il faut bien reconnaître qu'elles ont entre elles, quelque chose de relatif qu'il faut laisser exister; c'est ce que ne fait pas l'emploi de plusieurs livres où l'on écrit séparément la marchandise et l'argent qui l'a payée.

Il est à remarquer encore que la Tenue des Livres est non-seulement nécessaire au commerçant, mais que la loi la soumet à des formes données pour la conservation des droits des tiers, et veut qu'elle soit le témoin permanent de la moralité de toute gestion; il a donc fallu un mode de comptabilité qui, tout en classant chaque opération dans l'ordre de sa nature, ne l'isola pas de l'agglomération successive de chaque acte.

Pour parvenir à ce but, on écrit les articles les uns à la suite des autres, sans avoir égard à leur espèce, afin de prévenir toute antidate et *intercallation* dans les écritures antérieures, et empêcher, par là, le commerçant de fausser sa position.

Si l'emploi d'un seul registre, où viennent par ordre de date s'enregistrer les diverses opérations, fait éviter toute addition frauduleuse et donne au commerçant, par rapport aux tiers, toute la force légale et morale qu'il doit avoir, il faut encore, à ce dernier, une classification de la nature de ses actes, pour l'intelligence de sa comptabilité.

Les particuliers ont, dans leur commerce, la partie gouvernementale et la partie comptable : la première nécessite des peines physiques et des combinaisons intellectuelles pour donner à l'entreprise toute l'économie, le mouvement et la vie dont elle est susceptible; la seconde est, pour ainsi dire, la lithographie de la première où le commerçant peut, à chaque instant, former le sentiment de sa situation active et passive.

Il ne suffit pas de mettre sur le papier ce que l'on ôte à la mémoire, et que, par ce fait, on rende l'homme plus libre à ses occupations, il faut que dans les écritures on trouve l'*Ordre*, c'est-à-dire, que chaque chose soit en son lieu, afin de pouvoir facilement la distinguer et que néanmoins chaque fraction puisse, à volonté, se réunir dans un tout mathématiquement formé.

Ce résultat s'obtient en divisant les affaires commerciales en autant de petits départemens administratifs que nous aurons de natures d'opérations; nous supposerons que chacun a un chef spécial qui le fait marcher, et, qu'à leur absence, nous en faisons personnellement l'*intérim*, afin que, même sous la manutention du même individu, rien ne soit confondu.

L'expérience a fait connaître qu'il fallait diviser la comptabilité en cinq comptes généraux dont le mouvement de chacun fût communiqué par un centre commun, qui est le commerçant lui-même, faisant agir harmonieusement le tout, pour ne pas détruire ce qu'ils ont de relatif.

Le premier département ou compte personnel que nous instituerons se nommera *Magasin*, et aura sous sa gestion particulière toute la matière que l'on veut commercer ou manufacturer.

Le second se nommera *Caisse*, et aura toute la manipulation du numéraire.

Le troisième se nommera *Billets à payer*, et constatera tous nos engagemens.

Le quatrième se nommera *Porte-Feuille*, et gérera tout ce qui sera papier de commerce.

Le cinquième enfin se nommera *Profits et Pertes*, et marquera les pertes et les bénéfices.

Ces cinq sections commerciales formeront autant d'êtres mécaniques, s'aidant mutuellement, afin de présenter le budget général avec la classification des matériaux dont il se construit.

L'action commerciale n'est que le jeu continuel de l'échange et de la compensation, c'est toujours une chose qui se troque contre une autre de même valeur convenue ; c'est donc le passage alternatif d'une main à une autre qui forme cette chaîne d'opérations que nous nommons commerce.

Cela posé, nous reconnaissons que dans chaque acte de négoce, il y a compensation et que le commerçant n'opère qu'une conversion dans son avoir ; dès lors son actif est toujours le même, quelles que soient les espèces d'objets qui le composent.

L'opération, par rapport au commerçant, est donc négative ; il n'en est pas ainsi pour les comptes en lesquels il s'est, pour ainsi dire, partagé : si nous avons échangé de la soie contre de l'argent, nous aurons l'équivalent en numéraire, mais notre caisse aura reçu pour autant que notre magasin aura donné ; il y a donc dans chaque acte, un preneur et un bailleur, ce qui signifie, en terme technique, créancier et débiteur. C'est dans la distinction de chacun et dans la fixation de leur qualité respective que gît le nom et le secret de la partie double.

Il n'y a donc pas d'opérations sans au moins un débiteur et un créancier à la fois, et notre position et nos écritures qui l'expriment doivent être en balance constante, puisque nous sommes censés recevoir autant que nous donnons.

La Tenue des Livres ne fait que constater les mutations qui sont l'effet du négoce, ce n'est que de l'ensemble des articles que doivent ressortir les fluctuations commerciales et les chances qui en dérivent. Lors même qu'il y a perte ou gain, la compensation doit s'opérer par l'action du fonds commercial qui en supportera les effets par son débit ou son crédit.

Une fois les cinq comptes généraux établis, il ne sagit que de leur donner le mouvement auquel ils sont appelés, et leur assigner la place qu'ils doivent occuper dans notre comptabilité. Ainsi, nous les assimilerons à des individus réels qui seront débités chaque fois qu'ils recevront, et crédités lorsqu'ils donneront.

Si nous achetons des soies, *Magasin* sera débité; si, au contraire, nous en vendons, il sera crédité.

Chaque fois que nous donnerons de l'argent, *Caisse* sera créditée, et débitée lorsque nous en recevrons.

Notre compte de *Billets à payer* sera crédité de tous les billets que nous ferons, et débité de leur retrait ou remboursement.

Notre compte de *Porte-Feuille* sera débité de toutes les remises qu'on nous cèdera, et crédité de toutes celles que nous cèderons et encaisserons.

Enfin, notre compte *Profits et Pertes* sera débité des pertes et crédité des gains que nous ferons.

Lorsque le prix d'un marché sera réglé en un effet, l'opération sera regardée comme étant faite au comptant, et comme si la valeur nominale qu'il exprime était immédiatement comptée par le compte dont fait partie la contrevaleur que nous donnons; le bailleur et le preneur seront nos comptes généraux, sans avoir égard aux personnes avec qui nous avons fait affaire. Si, par exemple, nous achetons un ballot de soie 3,000 fr., et que nous le payons comptant, ce sera notre magasin qui devra à notre caisse, étant inutile de faire figurer le nom d'un individu à qui nous ne devons rien; si c'est en un billet, nous considèrerons notre engagement comme l'argent auquel nous nous obligeons, ne devenant, pour ainsi dire, que le débiteur de notre signature, pour la retirer à l'échéance, par l'intermédiaire de notre compte billets à payer qui, seul ici, doit être crédité, au lieu de caisse qui sera elle-même créditée, lorsqu'elle fournira le numéraire pour acquitter l'effet dont il s'agit.

Ce langage de comptabilité paraîtra abstrait pour le débutant, parce que, au mot de bailleur, il cherche déjà quelle main va prendre; il ne peut se figurer que ce soit un être d'une création arbitraire.

Ces suppositions, ne trouvant pas assez de crédit dans son imagination, il est frappé de ce qu'un art, qui doit être toujours exact, soit obligé, pour parvenir à des résultats vrais, de supposer des fictions auxquelles il a fallu prêter toute la vie d'un être, non-seulement pensant et agissant, mais doué de qualités spéciales pour l'emploi qu'on lui assigne; il doit bien se convaincre que c'est la division du travail qu'on a fait, et que le nom des subordonnés fictifs, n'est que celui qu'on a voulu donner au classement de chaque nature d'objets commerciaux.

Le commerçant aura donc plusieurs comptes qui le représenteront; il sera lui-même un individu que nous diviserons en plusieurs qui auront chacun une position spéciale dans notre comptabilité : l'un représentera la matière que l'on vend et que l'on achète, les autres les moyens de paiement et les profits et pertes, et chacun en particulier, un être intelligent d'une attribution convenue, prenant et livrant tout ce qui sera de sa circonscription, et débité et crédité de tout ce qu'il recevra ou livrera.

Lorsque nous voudrons savoir combien nous avons de la soie en magasin, de l'argent en caisse, des valeurs en porte-feuille, etc., nous n'aurons qu'à faire l'état de l'actif et du passif de chaque compte divisionnaire, la différence existante sera ce que nous cherchons.

Le commerçant, bien pénétré de ce qui vient d'être dit, agira, dans ses écritures, comme s'il parlait et traitait directement avec les individus que nous avons supposés; ainsi, il les fera correspondre et tenir leur compte entre eux, comme avec M. Ve Guerin, de Lyon, ou autres commissionnaires, avec cette différence, qu'étant le commis naturel de chacun de ces êtres conventionnels, il sera obligé de tenir leurs écritures, afin que de l'ensemble de leurs comptabilités, il puisse en faire un inventaire qui soit l'image de sa situation générale.

Il a déjà été dit que toute opération était en elle-même une convention où figuraient plusieurs contractans; la Tenue des Livres est donc le contrat écrit où l'on couche l'engagement de chacun pour le mettre seul au regard du commerçant, afin que ce dernier puisse, sur-le-champ, voir les avantages qu'il en retire ou ceux auxquels il s'est obligé.

La position commerciale est un fait dont la comptabilité marque le mouvement : s'il n'y a pas eu augmentation ni réduction, par l'opération, il y a toujours eu changemens dans l'avoir qui la compose.

Quoique une quotité donnée soit représentée par une valeur ou par une autre, et que cela ne vicie pas la situation, il est de la curiosité et de la satisfaction de se rendre compte, à volonté, de la nature de ses marchandises, de l'état de sa caisse et de son porte-feuille et des sommes dues réciproquement avec chacun de ses correspondans.

Il faudra, dans la convention où les articles sont agglomerés, en choisir et séparer tous les débiteurs et créanciers qui ne seront pas d'une espèce homogène, et les reporter sur un autre livre pour les y placer et reconnaître isolément.

A cette fin nous aurons le Livre Minute où seront écrits, jour par jour et successivement, les actes constitutifs de notre être commercial; il sera appellé JOURNAL GÉNÉRAL, et sera le seul que nous devions rigoureusement tenir, par rapport à la loi et aux tiers.

Un autre Livre où viendront se classer nos opérations selon leur nature, et nous rendre raison du contenu du premier, s'appellera GRAND-LIVRE; la partie double seule en exige la tenue.

L'emploi de nos deux registres étant déterminé, un seul exemple suffira pour nous pénétrer de l'esprit de l'art que nous traitons. Supposons que nous ayons sorti de notre caisse 150 fr. pour acheter du bleu, du blanc et du rouge pour 50 fr. de chaque espèce, nous écrirons au journal :

DIVERS DOIVENT A CAISSE, F. 150,
pour achats de diverses couleurs.

Le bleu doit,   F. 50 ⎫
Le blanc doit,   50 ⎬ Ensemble, F. 150.
Le rouge doit,   50 ⎭

Cet article, ainsi écrit au journal, sera confondu au milieu de beaucoup d'autres; mais, par l'usage du grand-livre, nous ouvrirons un compte à la caisse et à chacune des couleurs achetées : on n'aura qu'à regarder chaque compte spécial, pour savoir combien on a donné et reçu de chacune de ces matières. En un mot, le journal est le tissage bigarré dont la quantité de chaque nuance vient se distinguer au grand-livre.

Dans l'hypothèse dont il s'agit, l'article est formé d'une substance tricole. Par le transport que nous en faisons, nous détachons les couleurs, pour mieux les constater et nous rendre raison de leur quantité respective.

Les cinq comptes généraux représentent toujours l'état actif et passif du commerçant; son avoir ne peut se composer que d'objets entrant par leur nature dans les attributions des comptes spéciaux qu'il s'est créés; ainsi, son magasin ne peut s'enrichir qu'au détriment de sa caisse, de billets à payer ou de son porte-feuille, et réciproquement; de là, nous en concluerons encore que son avoir reste toujours le même, quel que soit le passage alternatif d'une valeur qui se transporte d'un compte à un autre.

Chaque article en partie double est donc formé de plusieurs catégories, qu'il n'est pas dans les attributions du journal de distinguer, mais de laisser visiblement reconnaître, pour pouvoir facilement les reporter sur le grand-livre, chacune en son lieu.

C'est par les formes de la partie double que nous pouvons préciser le débiteur et le créancier; par une annotation qui fera partie de l'article, nous motiverons les causes de l'opération, et pourquoi un tel a été débité ou crédité.

Si nos opérations étaient faites toutes au comptant, soit en numéraire ou réglement en effets, elles se rapporteraient exclusivement à nos cinq comptes généraux. Mais nous ferons des affaires en compte, c'est-à-dire que nous établirons avec des correspondans des rapports indéterminés, dont le terme et la quotité seront subordonnés au mouvement que les circonstances seules peuvent fixer; dans ce cas-là, les comptes élémentaires de notre comptabilité agiront directement avec les tiers, comme avec l'un d'eux, et seront débités ou crédités selon qu'ils recevront ou donneront au crédit ou au débit des individus avec qui nous serons en relation. Le compte de ces derniers subira les mêmes règles des autres, sans réduire pour cela l'avoir du commerçant, parce que, si nous prêtons de l'argent à une personne, notre caisse aura diminué; mais nous nous trouverons crédités d'autant au compte de l'emprunteur. Nos moyens s'étendront, mais ne se détruiront pas.

On pourrait rigoureusement faire mouvoir la Tenue des Livres avec les cinq divisions dont nous avons marqué la destination, mais encore chacun d'eux est susceptible de se diviser lui-même en plusieurs sections.

Ce partage du travail de nos êtres fictifs est purement arbitraire et subordonné aux besoins et à la volonté du Teneur de Livres. Voici, parmi l'infinité de subdivisions que la nécessité et le caprice peuvent faire naître, celles qui nous paraissent de nature à pouvoir être distinguées par l'usage.

SUBDIVISIONS DU COMPTE.				
MAGASIN.	CAISSE.	BILLETS A PAYER.	PORTE-FEUILLE.	PROF. ET PERT.
Soie blanche.	Argent étranger.	Acceptations.	Billets à recev.	Frais généraux.
Soie organsin.	Effets à vue.	Billets simples.	Traites à recev.	Ménage.
Soie trame.	Papier-monnaie.	Billets de chang.	Billets de banq.	Menus plaisirs.
Soie d'Italie.			Lettres et billets sur l'étranger.	Ouvraisons.
Soie à Cpte 1|2.				Intérêts.

Indépendamment des subdivisions des cinq comptes généraux, on peut encore fractionner les comptes subdivisionnaires eux-mêmes : on pourrait, par exemple, diviser le compte ménage en ceux de dépenses de bouche, d'habillemens et de souliers, comme celui d'ouvraison, en ceux de frais d'ouvriers, de bois, d'huile, de savon, etc. Enfin, on est obligé d'ouvrir autant de comptes que l'on veut distinguer d'objets, quoique, par leur nature, ils soient relatifs à un des comptes fondamentaux qui nous représentent.

Cette liberté de diviser la comptabilité, pouvant égaler le nombre des natures d'opération, a besoin cependant, pour l'uniformité des écritures, d'avoir des limites qu'on ne puisse que très-peu dépasser; c'est aux règles écrites de la comptabilité à les fixer.

Il n'y aura pas autant de comptes qu'il y a de parties diverses.

Pour prévenir toute confusion, il faudra bien faire attention que le compte d'un objet étant purement facultatif, il doit être toujours porté à celui qu'on lui a conventionnellement donné.

Si, par exemple, nous faisons un compte pour l'huile, le bois et le savon, indépendamment de celui de profits et pertes, dont il relève, il faut que ces objets de consommation fassent toujours partie de la catégorie qu'on leur a assignée; sans cela, l'homogénéité serait détruite; il n'y aurait plus d'identité dans la spécialité qu'on a voulu distinguer.

Pour déterminer le nombre de comptes subdivisionnaires que l'on veut avoir pour base de sa comptabilité, il faut consulter le besoin de séparer telle chose de telle autre; et, pour former une classe, il faut choisir les objets qui s'y rattachent par leur destination; en un mot, les comptes subdivisionnaires seront autant de succursales du compte général dont ils émaneront, et leur gestion soumise aux mêmes règles de comptabilité.

Il faut regarder une profession comme un être moral dont le professant n'est que le gérant; cet être n'est formé que de la centralisation des comptes en lesquels il a été divisé. S'il eût été à la fois, magasin, caisse, porte-feuille, etc., cette agglomération, pour en être certaine, n'aurait pas moins été embrouillée et rendu impossible la clarté que nous cherchons; car, il ne s'agit pas de savoir que l'on a tant, et que l'on n'a pas été volé, il faut encore savoir comment l'on est avec sa caisse, son porte-feuille, ses correspondans, etc. D'ailleurs, pour peu que le commerce soit étendu, la mémoire ne peut plus servir à l'appréciation exacte de sa position.

L'agent commercial est subordonné aux chances des profits et pertes de son négoce; il ne doit pas comprendre ce qui est l'effet de la masse de ses capitaux ou des malheurs étrangers à son entreprise, qui ne saurait gagner ou perdre que ce qui est le résultat de ses combinaisons spéciales.

Il faudra bien que quelque part nous écrivions l'enjeu de l'entreprise, pour que nous puissions lui donner les gains ou prendre chez lui pour couvrir les pertes que nous ferons, et lui rendre compte, pour ainsi dire, des effets dont il est la cause.

A ces fins, nous lui ouvrirons un compte que nous nommerons capital; il sera débité de toutes nos pertes inventoriées et des fonds que nous retirerons du commerce; il sera crédité de tous nos gains et des fonds que nous aurons mis ou que nous ajouterons, par la suite, à notre entreprise.

Les immeubles que peut posséder un commerçant ne doivent être regardés que comme la caution qui ne doit payer qu'en cas d'insuffisance du fonds capital; il n'en sera donc pas fait mention dans la comptabilité, excepté dans le cas où on y aura recours.

La Tenue des Livres en partie double ne doit relater que les actes de commerce, par une brève annotation sommaire et indicative; quant aux conditions qui les régissent, c'est dans les conventions verbales ou écrites, dans la correspondance et les usages commerciaux que l'on doit chercher ce qui les détermine; quoiqu'elle soit fictive dans ses combinaisons, elle est rigoureuse dans ses résultats; il ne serait pas plus possible de laisser subsister un article mal placé au journal, que de s'accommoder d'une addition dont la somme ne serait pas juste.

Les opérations commerciales sont simples ou complexes. Elles sont simples lorsqu'une seule chose est changée contre une autre, comme un ballot payé avec du numéraire; elles sont complexes lorsqu'une ou plusieurs choses sont échangées contre une ou plusieurs autres, comme un ballot payé partie en argent et partie en papier. On sent, dans ce cas-là, que notre magasin devra être débité au profit de notre caisse et de notre porte-feuille ou billets à payer, chacun de la quotité respective qu'il aura donnée pour parfaire le montant de la soie.

Nous avons formé notre être commercial et distribué les cinq rôles avec lesquels il doit alternativement jouer pour faire marcher la machine comptable. Il faut bien reconnaître qu'il n'est par lui-même susceptible d'aucun mouvement, si l'impulsion ne lui est donnée par l'être réel et par la force motrice, qui est le capital.

Nous aurons donc : le compte de capital, qui représentera la puissance pécuniaire; les cinq comptes généraux, représentant l'être commercial, relevant du compte de capital. Voilà notre mécanique établie. Nous renvoyons à la pratique la marche dont elle est susceptible.

𝕮𝖍é𝖔𝖗𝖎𝖊-𝕻𝖗𝖆𝖙𝖎𝖖𝖚𝖊

DE

LA PARTIE DOUBLE.

———

Lᴇ moulinier qui, pour apprendre le pliage des soies, resterait
dans la simple spectative et n'étudierait que les tours que l'on fait
subir aux flottes dont on veut faire un mateau, lorsqu'il voudrait
mettre les principes du pliage en pratique, ne produirait qu'un assem-
blage informe, sans souplesse et sans grace; tel aussi celui qui pour
savoir la Tenue des Livres en partie double, n'en aurait appris que
le principe, serait tout-à-fait surpris, dans l'application, de ne pas
trouver, dans ses écritures, cette liaison qui fait que chaque compte
en particulier doit dériver ou être relatif à un autre, et, tous réunis,
former la masse de ses affaires.

Ce sont ces raisons qui nous ont déterminés à être brefs dans l'explication de la théorie générale, voulant faire marcher le principe
avec la pratique, bien convaincus que nous sommes, que c'est la seule
manière de bien apprendre la comptabilité, parce qu'indépendamment de son esprit, chaque cas différent a besoin d'une explication
qui lui est propre.

La théorie-pratique comprendra tous les exemples pour les cas
susceptibles de se présenter. Nous la diviserons en articles numé-
rotés, afin que l'on puisse facilement trouver celui que l'on cherchera.

Il est vrai que la pratique ne peut solidement s'acquérir que par la connaissance exacte des élémens de l'art dont on veut faire usage; mais la partie double étant un de ceux où l'on ne peut acquérir le principe qu'à force d'en essayer l'application, nous aurons le soin, après avoir démontré les règles d'où il découle, de soumettre aux yeux de notre élève tous les cas qui peuvent se rencontrer dans la comptabilité de sa profession, afin que, par la masse des exemples, il ne puisse pas être embarrassé par l'exception imprévue qui pourrait se rencontrer.

DES LIVRES AUXILIAIRES.

Il est de certaines opérations commerciales qui, par leur nature, sont si nombreuses et si minutieuses, que leur inscription partielle nécessiterait beaucoup de travail et encombrerait d'autant plus vite nos registres, que leur quotité serait minime. Pour obvier à cet inconvénient, on a imaginé l'emploi des livres auxiliaires, qui sont, comme les comptes subdivisionnaires, autant de succursales où viennent se constater des actes nombreux, pour être reportés en masse dans le livre dont ils relèvent.

De ce nombre, sont :

Le *Journal des ouvriers*, où l'on écrit tous les paiemens que l'on fait aux ouvriers, soit à titre d'à compte, d'avances et d'étrennes, ou du solde de leur salaire, pour pouvoir ne faire qu'un seul article comprenant tous nos débours pendant la période de travail que sépare l'usage d'un réglement à un autre.

Le *Journal de caisse*, dont on se sert pour détailler les paiemens et les recettes de la caisse, et en relever plus tard le contenu et le transmettre au journal général.

Le *Livre d'entrée et de sortie des marchandises*, où l'on inscrit le transfert de nos soies avant que leur vente soit consommée.

Enfin, leur nombre est subordonné à la nature et à l'importance des affaires et au caprice du Teneur de Livres, qui peut, à sa volonté, ne porter qu'en bloc les actes des cinq comptes généraux sur le journal général, si préalablement il en a mentionné le détail en autant de livres auxiliaires.

Quelques modèles que nous donnerons à la fin de cet ouvrage suffiront pour en indiquer la tenue.

Un autre registre auxiliaire, dont l'emploi n'est que pour prévenir les fautes au journal général, se nommera Brouillard. C'est là que nous écrirons nos opérations avant de les transcrire au net.

Le brouillard n'est qu'une précaution non indispensable. Cependant sa nécessité se fait sentir en raison de la position du commerçant, parce qu'étant le registre sur lequel on écrit les opérations, telles et selon l'ordre qu'on les effectue, tout le monde de la maison peut, à l'insu du Teneur de Livres, noter un acte commercial.

Dans le cas où une seule main est obligée de tout faire, il est avantageux de tenir le brouillard comme le journal, c'est-à-dire de faire subir de suite à l'article les formes de la partie double. On aura, par ce moyen, une épreuve antérieure du bien-être de la transcription.

La forme du brouillard sera en tout semblable à celle du journal; mais il peut être fait avec des feuilles libres, devenant nul, une fois que la transcription de son contenu a été faite au journal. Ce n'est pas que nous en conseillions la destruction, car, comme tous les autres documens commerciaux, il doit durer autant que le temps légal de la péremption. Il suffirait d'avoir besoin de son témoignage une seule fois, pour que nous eussions à regretter l'anéantissement d'un cahier qui ne tient pas beaucoup de place, et qui, à la faveur de sa diction plus large, peut nous éviter de fastidieuses recherches.

La correspondance commerciale, quoique en dehors de la comptabilité elle-même, est cependant l'auxiliaire interprétatif où l'on va chercher les bases conventionnelles sous l'empire desquelles les rapports existent et les opérations s'effectuent. Sous ce point de vue, les lettres missives ou celles que l'on reçoit deviennent des documens dont la conservation est exigée par la loi, et leur tenue rigoureusement voulue. Pour nous y conformer, nous transcrirons nos lettres sur un registre *ad hoc*, et mettrons en liasse celles que nous recevrons.

Nous ne parlerons pas du carnet de voyage, où, loin du comptoir, on écrit les affaires que l'on fait, pour les coucher, à l'arrivée, sur le brouillard. Ce petit registre se trouve dans toutes les poches, et chacun en connaît la destination mémorative.

DU BROUILLARD ET DU JOURNAL.

Le brouillard étant la main-courante où l'on écrit, pour mémoire, ce que, plus posément, on veut transcrire au journal général, le même raisonnement servira pour l'un et l'autre; le numéro de l'article du brouillard sera le même que le numéro correspondant au journal, dans son chiffre et sa substance; pour éviter des répétitions, nous mettrons au bas de chaque article du brouillard, la manière de le passer au journal.

Il faudra bien faire attention que la Tenue des Livres n'est pas un art purement mécanique : il faut toujours que l'imagination suive la plume qui écrit; il n'est pas d'actes où l'on ne soit obligé de se faire une question dont la promptitude de la solution ne soit subordonnée à l'habileté du Teneur de Livres.

COMPTABILITÉ DU MOULINIER A FAÇON.

Soit que le moulinier ouvre les soies à simple façon ou à façon et déchet, la tenue des livres doit être la même. Quoique l'un ne soit pas, comme l'autre, responsable du déchet, il n'en faut pas moins que tous deux constatent la matière que l'on confie à leur garde, soit à leur péril et risque ou à leur garantie morale. Quant aux frais d'ouvraison, il y a identité parfaite : son prix ne diffère que dans sa quotité.

Nous allons supposer que, par son travail et son assiduité, Paul, moulinier-ouvrier chez M. Peruqfin, se soit acquis la confiance de son chef, et que ce dernier veuille lui donner ses soies à petite façon, et, plus tard, à façon et déchet.

Il suffira, pour sa petite comptabilité, qu'il ait, son brouillard, son journal général, son grand-livre, son journal d'ouvriers, et sa copie de lettres, si la distance avec son fournisseur l'oblige à une correspondance; dans le cas contraire, si les livraisons se font de la main à la main, il faudra la remplacer par un carnet où l'on fera coucher dessus et signer respectivement les livraisons de chacun.

Nous ferons débuter notre élève au 1er juillet, qui est l'époque du renouvellement de l'année *soyeuse* et celle des inventaires des mouliniers qui veulent séparer les vieilles soies des nouvelles, que l'on file alors.

Paul aura aussi ses cinq comptes généraux, plus son compte capital, qui représentera sa petite mise de fonds. Pour séparer tous les frais d'ouvraison de son compte de profits et pertes, il ouvrira un compte à ces dernières dépenses, qu'il pourra distinguer, pour savoir à combien elles s'élèvent.

MANIÈRE D'ÉTABLIR DES LIVRES EN PARTIE DOUBLE,
POUR LES PERSONNES QUI N'EN ONT JAMAIS TENU.

Si l'on débute dans le commerce, on fera un état de tout ce qu'on veut y exposer, soit en nature ou en argent; on créditera le compte de capital du montant de la mise, et on débitera pour autant les comptes qui le recevront, chacun pour ce qui entre dans son ressort.

Si c'est pour changer le mode de comptabilité d'un commerce préexistant, on fait l'inventaire de sa situation active et passive, on crédite le compte capital de tout ce que l'on a, au débit des comptes qui doivent, et on le débite de tout ce que l'on doit, au crédit de ceux à qui il est dû, observant bien que nous raisonnons dans cette hypothèse, que nous avons déjà mis nos cinq comptes généraux en activité, et que notre avoir, en matière ou effets dont nous créditons notre compte de capital, a pour débiteur naturel nos comptes de magasin et de porte-feuille.

Dès lors, notre compte de capital représentera, en valeur numéraire, notre situation présente. L'excédant du crédit sur le débit sera la somme que nous avons dans le commerce; par contre, celui du débit sur le crédit sera celle dont nous serons en dessous. Ce dernier cas a lieu quelquefois, et peut exister, sans être alarmant, puisque, dans l'inventaire général, ne sont pas comprises les possessions immobilières, qui, quoique en dehors, n'en sont pas moins le gage des emprunts que l'on fait.

Des auteurs qui ont écrit sur la comptabilité, se fondant sur l'article 9 du code de commerce, prescrivent de faire figurer dans l'inventaire général l'avoir immobilier, quoique, par sa nature, il ne soit que la caution du négoce; nous ne regardons cette condition que comme facultative, et l'abandonnons à la volonté du commerçant.

Pour nous, qui voulons nous rapprocher autant que possible des usages établis, nous n'inventoriserons que notre position relative à notre commerce. D'ailleurs, un individu peut faire partie de plusieurs entreprises commerciales : il ne peut apporter à chacune son avoir immobilier.

Pour admettre cette dernière opinion, nous nous fondons sur ce qu'une fabrique à soie avec des propriétés attenantes, ou toute autre propriété immobilière, forme toujours un avoir permanent au vu et su de tout le monde, n'étant susceptible d'autres changemens que dans son prix; mais elle a cela de commun avec les marchandises, pour lesquelles le commerçant ne saurait être taxé de criminalité, s'il en représentait la quantité.

Par rapport aux tiers, notre avoir immobilier est une garantie que, comme commerçant, nous nous interdisons de modifier sans en constater les mutations dans les livres; ainsi, s'il y a vente, le prix en sera porté à notre capital; s'il y a même réduction par l'hypothèque, il y a de fait aliénation de la partie grevée; mais le montant de l'obligation devant venir grossir notre mise de fonds, nous n'aurons fait que mobiliser notre propriété.

L'immeuble n'est susceptible de changement que par acte qui le transfère, et le créancier peut s'enquérir de son existence, comme exiger rigoureusement qu'on lui fasse connaître l'emploi des deniers qu'ont produits l'aliénation ou l'affectation de la propriété. Le fait d'avoir existé implique l'obligation de prouver la légitimité de sa mutation.

S'il y a fraude, l'inscription dans des livres ne l'empêcherait pas : au contraire, elle pourrait aider la surprise par l'éventualité des immeubles dont l'estimation faite par le juge et la partie est toujours fictive et soumise à des variations qui sont indépendantes de l'expert le plus intègre.

Ainsi donc, nous ne comprendrons pas les immeubles dans notre inventaire général, mais nous nous interdirons la faculté de les vendre ou de les grever, sans en mentionner le produit, afin que nous puissions en représenter la valeur ou la quantité bâtie et territoriale, à la réquisition des ayant-droits.

DES COMPTES SUBDIVISIONNAIRES DU FAÇONNIER.

Quelle que soit l'importance du commerce, il faut avoir ses cinq divisions générales et le compte capital. On pourrait exclusivement marcher avec eux; mais il est de la satisfaction et de la curiosité, de former d'autres catégories. Ce désir est en raison inverse de la multiplicité des affaires. Le débutant en petit veut savoir isolément combien il lui faut pour son ménage et ses dépenses, tandis qu'à mesure que son négoce grandit, ces frais restent dans une *minimité* relative qu'il ne lui importe plus de constater séparément.

Prenant pour base l'état présent de Paul, nous subdiviserons le compte profits et pertes en trois catégories représentant chacune autant de frais commerciaux et personnels. A cette fin nous ouvrirons :

Le compte *Ouvraisons*, que nous débiterons des frais d'ouvriers, des achats d'huile, de bois et généralement de toutes les dépenses qu'occasionnera le moulinage ;

Le compte *Ménage*, que nous débiterons des achats d'approvisionnement de bouche, d'entretien et d'habillement personnel;

Le compte *Menus-plaisirs*, que nous débiterons de tout l'argent affecté à nos libéralités.

L'un et l'autre seront crédités du retour des sommes à eux destinées, le cas échéant.

Paul marchera avec le compte de capital, cinq comptes généraux et trois comptes subdivisionnaires; il sera par là divisé en des parties qui elles-mêmes seront fractionnées.

Quoiqu'un compte semble n'être qu'un individu tenant tout ce qui lui est relatif sous la même main et la même clef, cette concentration n'a lieu que dans les écritures. On peut, par exemple, avoir les objets dont magasin est débité placés dans plusieurs appartemens et même chez autrui.

INVENTAIRE DE DÉBUT DE PAUL, FAÇONNIER.

N. 1. ──────── *Du 1ᵉʳ juillet* 1834. ────────

DOIT.	AVOIR.
Je dois à M. Peruqfin, F. 45 »	Argent que je mets en caisse, F. 300 »
Total de ma mise de fonds, 505 »	Le billet de Pierre, au 20 courᵗ, 250 »
550 »	550 »

Voilà la position de Paul au moment où, pour la première fois, il va subordonner son salaire aux soins et aux chances commerciales.

Il a 550 francs, et il doit 45 francs : ce qui réduit sa mise de fonds à 505 francs.

C'est dans cette situation qu'il va commencer le jeu de sa comptabilité, en donnant à chacun des agens fictifs qu'il s'est créés, la valeur qui, par son espèce, entre dans ses attributions.

3

Id. ─────────────── *Du* 1er *juillet.* ───────────

En me cédant ses soies à façon, M. Peruqfin me remet :

1 quintal d'huile épurée, à 70 francs,	F. 70	»
200 quintaux de bois, à 75 centimes le cent,	150	»
Total	F. 220	»

Cette remise d'objets de consommation, faite en même temps que la police des soies à façon, forme un approvisionnement de début, mais qui ne peut faire partie de la mise de fonds, puisque nous en devons la valeur. Néanmoins, lorsque deux articles ont quelque chose entre eux de corrélatif, on peut les confondre et n'en faire qu'un seul.

Nous remarquons, dans les deux articles précédens : 1° que nous mettons au commerce 550 francs, dont capital doit être crédité au débit de caisse et de porte-feuille, qui vont recevoir l'un 300 fr. d'espèces, et l'autre un billet de 250 fr.;

2° Que nous devons créditer Peruqfin :

de ce que nous lui avons dû, compte réglé avec lui,	F. 45	»
du montant de l'huile qu'il remet,	70	»
de celui de 200 quintaux de bois,	150	»
Total	265	»

Le montant de ce que nous devons à Peruqfin, par réglement de compte, réduit d'une somme égale notre mise de fonds. Capital doit en être débité.

Celui des remises en nature étant destiné à l'usage de la fabrique, le compte ouvraisons sera débité. (*Voir les articles correspondans au journal.*)

DU COMPTE MAGASIN.

Le compte magasin aura dans ses attributions toutes les marchandises dont on fait le commerce; il sera débité du poids et du montant de leur achat, et crédité de ceux de leur vente, si les soies sont pour le compte du moulinier.

Si les soies sont à façon, il sera débité et crédité de leurs poids seulement, lorsqu'on les recevra ou livrera.

Notre magasin restera débité tant que la matière n'aura pas passé, sans retour, en d'autres mains. Que nos soies soient à la fabrique, chez le façonnier ou à la commission, n'importe en quel lieu et chez quelle personne, elles seront sous le débet de notre magasin aussi long-temps qu'elles resteront notre propriété; ce ne sera qu'au livre auxiliaire à ce destiné que nous constaterons leurs mouvemens extérieurs.

Le journal et le grand-livre devront mentionner le poids de la soie, lors même que nous ouvrerons pour notre compte, afin que, comme l'argent qu'elles ont coûté ou produit, on puisse avoir leur état matériel. A cette fin, une colonne supplémentaire sera tracée au grand-livre.

Il arrive quelquefois qu'entre collégues on se prête mutuellement de la soie ou des matières consacrées à l'ouvraison. Si le rapport doit en être fait dans un court délai, on n'en passe pas écriture : on met seulement en note la quantité prêtée; si, au contraire, c'est pour un temps long et déterminé, on fait un article comme s'il y avait eu vente, dont le montant dut en être payé en nature.

Ainsi donc, si la soie est pour notre compte, magasin constatera le poids et la valeur; si elle n'est qu'à façon, il ne mentionnera que le poids seulement. Que, dans ce dernier cas, notre responsabilité soit réelle ou morale, nous ne sommes que les dépositaires conventionnels de la propriété d'autrui, et, sous ce rapport, étrangers aux variations que sa valeur peut subir.

2. ——————————— *Du 1ᵉʳ juillet.* ———————————

M. Peruqfin m'a remis 500 kilogrammes de soie grège, pour
la lui ouvrer, à 4 fr. le kilogramme, simple façon, ci   500 kilog.

Nous recevons de la soie : magasin doit être débité. C'est Peruqfin qui la livre : il faut créditer ce dernier.

3. ——————————— *Du 5 juillet.* ———————————

J'ai acheté à M. Méalarès, marchand de fer à Aubenas :
4 liv. de fil de fer, à 70 centimes la livre, ci	F. 2	80
300 boutons de verre, à 1 fr. le cent,	3	»
30 liv. de savon, à 60 centimes la livre,	18	»
Je lui ai payé comptant,	F. 23	80

Lorsque les opérations sont faites au comptant ou soldées par des contre-valeurs, il n'est pas nécessaire de mentionner le bailleur de la marchandise, si ce n'est dans l'annotation, lorsqu'on voudra savoir d'où elle dérive. En effet, qu'importe que ce soit Pierre ou Jacques qui soit vendeur : on n'a plus rien à faire avec lui dès qu'on l'a soldé.

Si notre matériel d'approvisionnement vient à augmenter, ce n'est qu'aux dépens de celui qui l'a payé; et c'est ce dernier seul qui doit être crédité.

Puisque nous sommes convenus que ce sera par le compte d'ouvraisons que nous passerons toutes les fournitures de fabrique, nous le débiterons de 23 fr. 80 c., au crédit de caisse, qui en a fourni le montant.

4. ———————————— *Du 10 juillet.* ————————

J'ai acheté de M. Dautheville, de Privas :
50 liv. d'huile d'olive, pour la fabrique, à 80 c. la liv., F. 40 »
Une tonne huile épurée, pesant 100 kilog., à 150 fr. le cent, 150 »

Que nous avons porté à son crédit par F. 190 »

Lorsqu'on fait des achats à terme, sans la contre-valeur en papier de commerce, c'est une opération en compte; elle peut s'enregistrer de deux manières : l'une en portant immédiatement le montant au crédit du vendeur, et l'autre en se servant d'un carnet *ad, hoc,* où l'on inscrit les objets achetés, pour les payer et les passer en masse à une époque déterminée.

Ce dernier usage a presque toujours lieu avec le quincaillier, le serrurier et le cordonnier; et quoique, par son effet, notre avoir ait augmenté de tout ce que nous avons reçu à ce titre, notre comptabilité restera muette à cet égard, pour n'être écrite qu'au temps de la présentation des comptes de chacun.

Dans l'hypothèse dont il s'agit, nous passerons de suite l'article, et donnerons à autre part des exemples sur les mémoires en compte.

Nous voyons que le compte d'ouvraisons reçoit pour 190 fr. d'objets de sa compétence; il doit en être débité. C'est Dautheville qui les livre, il doit être crédité.

5. ———————————— *Du 15 juillet.* ————————

J'ai donné à Étienne, mon torsier, pour le montant du mois courant,   F. 45 »

Nous faisons ici exception à l'usage, en payant isolément un seul ouvrier, dont le salaire doit être passé par ouvraisons au profit de caisse.

Le paiement des ouvriers n'a lieu que dans un certain laps de temps subordonné aux usages des localités; l'habitude la plus commune est de faire le prêt toutes les semaines ou tous les mois.

Pour éviter d'ouvrir un compte à chaque ouvrier en particulier, nous aurons un journal d'ouvriers, sur lequel nous écrirons tous les à compte faits jusqu'au jour du paiement général, où nous porterons cette dépense en masse au crédit de caisse.

Lorsqu'on fait des à compte intermédiaires entre deux époques de réglement, on les écrit seulement au journal des ouvriers; et pour que, néanmoins, la caisse soit juste, on fait un billet-monnaie de la somme avancée, ainsi qu'il va être dit ci-après.

DU COMPTE DE CAISSE.

Le compte de caisse doit être débité de tout l'argent que l'on reçoit, et crédité de celui que l'on débourse.

Cette règle est toujours invariable. Quelquefois seulement on peut en suspendre l'exécution pour quelques jours. Ces cas surtout auront lieu : 1° si un ouvrier vient, avant le jour du paiement général, prendre des à compte et même des avances qui dépasseraient une bu plusieurs périodes réglementaires;

2° Si, par esprit de bon voisinage, on se prête mutuellement de l'argent, qui doit être rendu de la main à la main, dans un délai moralement convenu.

Dans ces deux cas, il n'y a pas opération commerciale, mais acte de pure complaisance. Nous n'écrirons rien dans nos livres, mais nous tiendrons des notes indicatives que nous appellerons billets-monnaie, lesquels nous déposerons dans notre caisse, pour qu'ils y représentent réellement la matière dont ils expriment nominalement la valeur qu'on a prêtée ou empruntée. Lorsque nous ferons notre caisse, nous compterons ces billets comme s'ils étaient de l'argent dû ou à recevoir.

Le jour du paiement général de nos ouvriers, nous défalquerons les sommes avancées, et abrogerons les billets-monnaie, en les ôtant de notre caisse, comme si nous en comptions le montant à l'instant même.

Il en sera de même lorsqu'on nous rendra ou que nous donnerons le montant des sommes prêtées ou reçues; nous ne ferons que changer la valeur réelle contre la valeur supposée.

6. ————————— *Du 20 juillet.* ————————

Pierre m'a acquitté ce jour, son billet de   F. 250 »

Nous prenons dans le porte-feuille le billet de Pierre, qui nous l'acquitte à présentation. Porte-feuille, qui donne, doit être crédité, et caisse, qui reçoit, débitée.

7. ———————————— *Du 25 juillet.* ————————————

J'ai reçu de M. Peruqfin, à compte sur les ouvraisons que je
    lui fais,   F. 500   »

Nous recevons de l'argent : caisse doit être débitée ; Peruqfin le donne : il doit être crédité.

8. ———————————— *Du 31 juillet.* ————————————

J'ai payé tous mes ouvriers ; leurs comptes réglés fin à ce
    jour par   F. 425   »

Notre caisse fournit : nous la créditons ; nos frais d'ouvriers font partie du compte ouvraisons : nous débitons ce dernier.

Dans ce réglement mensuel sont comprises les sommes qui avaient pu être données à titre d'avances. Nous avons déchiré les coupons-monnaie que nous avions faits à notre caisse ; de manière que cette somme est celle que coûtent nos ouvriers dans le courant du mois de juillet.

DU COMPTE BILLETS A PAYER.

Tous les billets ou engagemens que l'on fait dans le commerce sont dans les attributions du compte billets à payer, qui sera crédité de leur montant le jour de leur souscription, et débité celui de leur retrait.

Tous les effets de commerce sont et doivent être regardés comme étant l'argent qu'ils expriment nominativement. Aussi, quelles que soient les chances de non paiement attachées à un papier, nous en passerons écriture sans y avoir égard.

Le billet sans désignation de domicile est toujours, de droit, payable à celui du souscripteur. Dans le cas où l'on s'engage à payer chez un tiers, il faut y faire parvenir l'argent à l'échéance. Le résultat étant le même, les écritures doivent l'être aussi.

Les engagemens sont aussi, simples, c'est-à-dire, non transmissibles, ou à ordre, payables au porteur. Les écritures doivent le constater ; mais cela ne change pas leurs effets.

Indépendamment du billet simple ou à ordre, on fait quelquefois des reçus valeur en compte, avec ou sans intérêts ; et quoiqu'il y ait effectivement engagement, nous ferons, dans ce cas-là, exception à la règle de la partie double, qui veut que chaque émission de titre soit regardée comme soldant le compte ou la somme qui y est stipulée. A cette fin, nous ouvrirons un compte au prêteur, que nous créditerons de l'argent reçu, et débiterons de son remboursement, et réciproquement, si nous sommes les prêteurs nous-mêmes. Voici les raisons sur lesquelles nous nous appuyons :

Le billet, proprement dit, constitue une obligation transmissible, et n'a pas, quant à celui qui le souscrit, de possesseurs désignés ; le paiement en est souvent exigé par un porteur inconnu, et sa destination subordonnée à la volonté et aux besoins du cessionnaire ; c'est presque toujours par la voie de la circulation que sa présentation a lieu ; de manière que celui avec qui nous avons traité, nous échappe. Ces sortes d'engagemens ne sont pas susceptibles d'être réduits ou modifiés ; nous ne connaissons donc d'autres créanciers que notre billet à payer.

Quoique le reçu soit aussi un, dans ses termes et dans la valeur qu'il exprime, il décèle l'accord de la mutualité, un acte de prêt que le temps peut rendre plus actif et plus majeur. Dans ce cas-là, c'est le prêteur ou l'emprunteur qui est notre créancier ou notre débiteur : le reçu ne doit être regardé que comme la garantie écrite d'un fait existant.

Règle générale. Lorsque nous souscrirons ou accepterons des billets simples ou à ordre, c'est par le compte de billets à payer ou de porte-feuille que nous devrons les passer. Si ce ne sont que des simples reçus, ce sera par les comptes des prêteurs ou emprunteurs.

9. ———————————— *Du 5 août.* ————————————

J'ai acheté, pour l'usage de ma consommation personnelle,
  à M. Chervend, d'Avignon :

Un baril d'anchois, à	F. 6	»
5o kilog. de sel, à 5o centimes le kilogramme,	25	»
Un pain de sucre, pesant 12 liv., à 1 fr. la livre,	12	»
Deux balles de farine, à 65 fr. la balle,	13o	»
Un tonneau de vin,	5o	»
Que j'ai payé en mon billet au 3o septembre prochain,	F. 223	»

Nous avons souscrit un billet : le compte de billets à payer devient notre créancier à la place de Chervend, et doit être crédité. Son montant est en matière de consommation de ménage, dont le compte sera débité.

10. ———————————— *Du 10 août.* ————————————

Ayant de l'argent chômant en caisse, j'ai retiré mon billet
    consenti à M. Chervend, au 30 septembre prochain,   F. 223 »

Lorsque nous retirons un billet, nous nous acquittons d'une dette envers billets à payer. Ce compte doit donc être débité au crédit de caisse, qui fournit l'argent.

DU COMPTE PORTE-FEUILLE.

Si l'on passe par billets à payer tous les effets que l'on fait, on passe par le compte de porte-feuille toutes les traites, les billets et les remises d'autrui; on le débite de leur entrée, et on le crédite de leur sortie.

Quoique, en règle générale, ce soit toujours le papier d'autrui que l'on ait en porte-feuille, il arrive quelquefois que pour abréger les écritures, ou par pure convenance commerciale, on se crée des valeurs : cela a lieu surtout dans les deux cas suivans :

1° Si, faisant une opération isolée et à terme, nous ne voulons pas ouvrir un compte à celui de qui nous avons acheté sans engagemens écrits, nous attendrons que le compte nous soit présenté, pour le payer et en passer écriture en même temps; si, au contraire, nous sommes les vendeurs, nous fournissons immédiatement notre traite du montant, à notre ordre et à la date convenue, nous en faisons le dépôt dans et au débit de porte-feuille, jusqu'à ce que nous la négociions ou en retirions nous-mêmes le montant.

2° Si, lors même qu'il n'y a pas eu vente, on veut avoir du papier fait dans son porte-feuille, pour en opérer la négociation à fur et mesure de besoin, par soi-même ou par l'intermédiaire d'un tiers.

Comme le placement de ces traites n'est pas réalisé, et que même elles peuvent ne l'être pas, on fait sa valeur, à son ordre, sur la personne avec qui l'on est en compte. Mais comme l'action de cet effet est subordonnée ou facultative, notre porte-feuille en restera débité jusqu'à sa transmission.

11. ──────────── *Du 15 août.* ──────────

M. Peruqfin m'a fait son billet, à mon ordre et à vue, de   F. 200   »

Nous mettons dans le porte-feuille un billet de 200 fr.: il doit être débité; Peruqfin le donne : il doit en être crédité.

12. ──────────── *Du 16 août.* ──────────

J'ai négocié, au pair, le billet de M. Peruqfin, de   F. 200   »

Porte-feuille, qui le rend, doit être crédité; et caisse, qui en reçoit le montant, débitée.

DU COMPTE PROFITS ET PERTES.

Le compte profits et pertes doit être débité de toutes les pertes que l'on fait dans le commerce, et crédité des gains et des produits, à quel titre que ce soit.

Les pertes et les profits, en comptabilité, sont réels ou conventionnels. Ils sont réels, lorsque c'est une pure perte pour nous, par l'effet du vol, de la perte des choses ou de la baisse dans leur valeur.

Ils sont conventionnels, 1° lorsqu'ils dérivent des choses qui par elles-mêmes produisent en notre faveur ou à notre préjudice, selon que nous les avons ou que nous les devons, tels que les intérêts et les escomptes; 2° lorsque, par leur destination, les choses sont nécessaires et indispensables, mais qui, par leur nature, sont une charge que le commerce doit supporter; tels sont : la nourriture et l'entretien du chef, que le commerce doit faire vivre; les frais de manufacture ou d'ouvraison; les cadeaux et les menus plaisirs; les primes d'assurance, la commission, les frais de voiture et de factage; enfin, les dépenses de comptoir, de quelle espèce qu'elles soient.

On peut faire autant de subdivisions qu'il y a de genres de pertes ou de profits, en ayant soin de reporter chacun d'eux au compte qu'on a voulu distinguer.

Le compte profits et pertes est celui où viennent se recenser les résultats heureux et malheureux de chaque opération; et c'est par la somme des deux cas, qu'on trouve celle des chances commerciales.

13. ──────────── *Du 20 août.* ──────────

J'ai donné, pour ports de lettres ou factage de soie,   F. 10   »

Cette dépense étant une charge du commerce, nous débitons profits et pertes au crédit de caisse.

4

14. ————————————— *Du 25 août.* —————————————

M. Peruqfin étant content de mon travail, m'a donné à titre
    d'étrennes,   F. 20 »

Ce que nous recevons de M. Peruqfin étant un *boni* accordé à
notre travail, profits et pertes doivent être crédités, et caisse, qui le
reçoit, débitée.

Le cadeau peut être fait, à titre d'étrennes convenues, pour récom-
pense et encouragement, ou être un don de pure libéralité. Dans
les deux premiers cas, son montant doit faire partie du compte des
objets pour lesquels il a été destiné, et dans le troisième, il doit être
porté au compte de menus plaisirs, qui est un des comptes corrélatifs
de profits et pertes. Si nous donnons, pour faire venir ou encourager
un ouvrier, la somme doit être portée au compte ouvraisons.

DES COMPTES PAR RAPPORT A EUX-MÊMES.

En règle générale, un compte ne peut être débité ou crédité que
par un autre. Il arrive cependant quelquefois qu'il est débiteur et
créditeur en même temps : c'est lorsqu'il reçoit des objets de même
nature que ceux qu'il donne, comme dans les cas suivants :

1° Si l'on change de la soie contre d'autre, par troc convenu;
2° Si l'on change des écus contre d'autre monnaie;
3° Si l'on change son billet simple contre un à ordre.
4° Si l'on change une remise sur Paris contre une autre sur Lyon;
5° Si l'on reçoit un cadeau que l'on distribue à d'autres.

Ces divers cas se rencontreront dans le cours de cet ouvrage : nous
attendrons qu'ils arrivent pour les traiter en leur lieu.

DES OPÉRATIONS ULTÉRIEURES.

Celui qui reçoit sans payer, doit; il lui est dû, s'il cède sans en
retirer la contre-valeur. Voilà les signes qui nous feront connaître
le débiteur et le créancier.

Si nous sommes pleins de l'idée que nos comptes divisionnaires
sont des êtres actifs, nous ne ferons que mettre en pratique les règles
du sens commun.

Il ne faut pas toujours qu'une 'opération soit faite manuellement pour qu'il y ait bailleur et preneur; il suffit que, par correspondance, expédition, ou le fait d'autrui, elle se soit consommée.

15. ———————————— *Du 31 août.* ————

J'ai livré à M. Peruqfin un ballot de soie ouvrée pesant 100 kilogrammes.

Peruqfin reçoit : il doit être débité; c'est magasin qui cède : il doit être crédité.

16. ———————— *Du 5 septembre.* ————

J'ai pris à ma caisse, pour mes dépenses de café,   F.   10   »

Ces sortes de dépenses sont une pure perte pour nous; mais, voulant les distinguer, nous débiterons le compte menus plaisirs au crédit de caisse. Si cependant elles avaient été faites en vue d'une solution d'affaires, il faudrait en débiter profits et pertes.

17. ————————————*Du 10 septembre.* ————

Sur la plainte que je lui ai faite, M. Dautheville m'a pris
    5o kilog. de l'huile qu'il m'avait vendue à 150 fr. le cent, F.   75   »

Nous rendons de l'huile dont notre compte d'ouvraisons avait été débité: il doit être crédité, à son tour, du montant de celui qu'il cède, et Dautheville débité, puisqu'il prend.

18. ———————— *Du 15 septembre.* ——

J'ai acheté 40 kilog. de légumes pour faire la 'soupe des ou-
    vriers, à 5o centimes le kilogramme,   F.   20   »

Il est des localités où l'on fournit la soupe aux ouvriers, ou leur entière nourriture; cette dépense étant censée diminuer d'autant leur salaire, elle entre dans la catégorie des frais d'ouvraisons, que nous débiterons par le crédit de caisse.

19. ———————— *Du 20 septembre.* ————

Sur l'huile 'que j'avais achetée pour la 'fabrique, j'ai pris,
    pour mon ménage, 20 livres, à 70 centimes qu'elle me
    coûtait, montent   F.   14   »

Voulant savoir ce que nous coûtent nos dépenses d'entretien et de nourriture, nous sommes convenus que c'est par le compte de ménage que seront passés tous les frais qui leur seront relatifs.

Le cédant de l'huile est notre compte ouvraisons, qui doit en être crédité au débit de celui de ménage.

20. ————————————— *Du 25 septembre.* —————————————

J'ai acquitté les comptes suivans :
Celui du serrurier, se portant à   F. 25   »
Celui du marchand de fer, à   3o   »

                                   Total   F. 55   »

Nous payons en gros des objets reçus en détail. Leur destination a été pour la fabrique : nous en débiterons ouvraisons au crédit de caisse.

21. ————————————— *Du 3o septembre.* —————————————

J'ai acheté ce qui suit :
4 aunes de drap pour garnir les purgeoirs,   F. 20   »
10 livres de bourrette, pour les moulins,   2   5o

                                   Total   F. 22   5o

Ces objets étant aussi pour l'entretien de la fabrique, nous passerons l'article au journal, comme le précédent.

22. ————————————— *Dudit.* —————————————

J'ai reçu de M. Peruqfin,   F. 5oo   »

Passer l'article comme le numéro 7.

23. ————————————— *Dudit.* —————————————

N'ayant pas payé mes ouvriers le mois passé, j'ai réglé avec
    eux, fin à ce jour, par   F. 832   75

Quoiqu'il soit d'une bonne comptabilité de régler tous les mois avec les ouvriers, il peut arriver des causes qui ne le permettent pas; alors on renvoie à la fin du mois suivant, et on passe le mois cumulé avec l'expirant, comme au numéro 8.

CHANGEMENS DE FOURNISSEUR ET D'ESPÈCE DE FAÇON.

Lorsqu'on a fini les soiés que l'on devait ouvrer, et que l'on change de fournisseur ou de convention seulement, il ne faut pas mêler les soies anciennes avec celles que nous devons ouvrer pour une autre personne ou à des conditions différentes.

A ces occasions, on pourra, selon la volonté du moulinier, faire l'inventaire général ou seulement la liquidation des soies restant en magasin ou en fabrique.

Soit que l'on règle ses écritures ou qu'on les ajourne à une autre époque, il faut toujours liquider les soies de la convention expirée, afin qu'elles et leur compte respectif soient totalement séparés de ceux qui doivent les suivre.

Il est des mouliniers qui ont un ou plusieurs fournisseurs à la fois, et dont le genre de façons est subordonné à la volonté et au besoin momentané de ces derniers. Ainsi l'on voit, par la fréquence des changemens, des fabriques qui font alternativement ou en même temps, de la trame, du poil, du crêpe, etc.; il faut cependant qu'aucune de ces espèces d'ouvraisons ne soit mêlée avec les autres, et qu'elles soient rendues isolément à leur véritable propriétaire.

Chaque fois qu'il y aura changement de fournisseur ou de façon, il faudra *retirer* nos soies vieilles et liquider le compte de l'ouvraison cessante. La première de ces opérations ne réclame que des soins physiques pour empêcher que les soies de maître ou d'ouvraison différente ne se mêlent; la seconde doit faire éviter le mélange dans les écritures, pour en opérer, en terme de l'art, la *retiraison*.

Comme le jour où l'on cesse de recevoir des soies ou de les monter au dévidage, n'est pas celui où l'on peut rendre leur dernier *bout*, et régler définitivement avec le fournisseur, la clôture du compte sera suspendue aussi long-temps que la fabrique mettra à sortir le reste.

Cependant notre magasin devient débiteur, et nous montons graduellement, à fur et mesure de *retiraison* de la vieille, les soies d'un propriétaire nouveau. Il faut tirer nos écritures de ce chevauchement, en même temps, qu'à la fabrique, on empêchera les matières de se mélanger.

Voici les cas et les moyens :

1º Si nous voulons retirer une soie pour faire place à un autre, nous solderons le compte de magasin par le débit d'un autre, que nous nommerons : *Soie d'un tel, à liquider.*

2º Si l'on ne fait que changer de nature de façon, sans changer de fournisseur, on solde le compte de magasin par un nouveau intitulé : *Soie d'une telle façon, d'un tel, à liquider.*

3º Si la retiraison a lieu pour empêcher le mélange de deux qualités de soie du même propriétaire et aux mêmes conditions, elle s'effectuera dans la fabrique, sans qu'il soit nécessaire de la constater dans nos écritures, à moins que le moulinier veuille saisir cette occasion pour se rendre compte de sa situation; dans ce dernier cas, il soldera son magasin par un compte intitulé : *Soies anciennes en liquidation.*

4° S'il y a eu changement de fournisseurs, on ouvre un compte aux nouveaux. On laisse exister celui des anciens jusqu'à la compensation en matière.

5° Si c'est toujours pour le même bailleur que l'on travaille, et qu'il y ait changement dans l'espèce ou dans le prix de la façon, on ouvrira un compte nouveau au fournisseur, intitulé : *Un tel, son compte de façon de telle espèce.*

Tous ces comptes seront débités et crédités comme l'auraient été ceux dont on les a détachés.

Dans le cas où la fabrique est garnie de soies de diverses façons ou de divers propriétaires, on fera autant de comptes séparés qu'il y aura de distinctions à faire. Les écritures seront en tout semblables aux moyens ci-dessus indiqués, et ne différeront que par leur multiplicité.

24. ——————————— *Du* 30 *septembre.* ———————————

J'ai livré à M. Peruqfin 300 kilogrammes de soie ouvrée.

Passer cet article comme le numéro 15.

25. ——————————— *Du* 1ᵉʳ *octobre.* ———————————

Par police de ce jour, M. Peruqfin et moi avons convenu ce qui suit :

1° Je lui ouvrerai des soies à 12 francs le kilogramme ;
2° Pour la condition des grèges, il me fait une passe de 2 pour cent ; pour celle des ouvrées, nous nous en rapporterons à la Condition publique de Lyon ;
3° Je lui paierai le déchet à 50 francs le kilogramme, et la ferme de sa fabrique à raison de 2400 francs l'an.

D'après ce qui vient d'être dit ci-dessus, nous ouvrirons un compte intitulé : *Soies de Peruqfin, à simple façon, en liquidation;* nous le débiterons du poids restant à livrer au crédit du solde de magasin. Notre compte magasin sera clos ce jour, et les nouvelles réceptions de soies seront totalement séparées des anciennes.

26. ——————————— *Dudit.* ———————————

Peruqfin m'a livré 500 kilogrammes de soie grège, à grande façon.

Ne voulant pas mêler le compte à simple façon de Peruqfin avec son nouveau à grande façon, nous ouvrirons un autre compte intitulé : *Peruqfin, son compte à grande façon;* il remplacera le premier, qui ne sera balancé que lorsque les soies de la convention expirée seront entièrement ouvrées et leur compte réglé.

Quant à la réception des soies dont il s'agit, nous la passerons comme le numéro 2.

27. ———————————— *Du 5 octobre.* ————————————

J'ai acheté de Baron 50 liv. huile d'olive, à un franc la livre,
    contre mon billet au 31 décembre prochain, de   F. 50 »

Nous achetons de l'huile pour la fabrique : ouvraisons doivent être débitées; nous payons en notre billet : billets à payer doivent être crédités.

28. ———————————— *Du 10 octobre.* ————————————

Baron, voulant négocier mon billet, m'a prié de le lui refaire
    à ordre, au 31 décembre prochain,   F. 50 »

Faisant l'échange d'un billet contre un autre de même somme, nous pourrions nous dispenser d'en passer écriture; car l'obligation à ordre ne change rien à l'exigence du paiement; mais il y a ici une question d'identité qu'il importe de constater, surtout dans les grandes affaires.

Notre compte de billets à payer, qui donne et qui retire à la fois, sera crédité et débité pour le même fait : crédité du nouveau billet, et débité de l'échangé.

29. ———————————— *Du 16 octobre.* ————————————

Pierre, mon voisin, m'a prié de lui remettre 10 livres d'huile
    d'olive achetée à Baron, à 1 franc la livre; il m'a compté F. 10 »

Nous remettons une partie d'un achat fait pour frais d'ouvraisons : ce compte doit être crédité, et caisse débité de l'argent reçu.

30. ———————————— *Du 26 octobre.* ————————————

J'ai livré, ce jour, à M. Peruqfin, le restant des soies qu'il
    m'avait données à simple façon, savoir :

En soie ouvrée	60 kilog.
En bourre et liens,	45 »
Total	105 kilog.

Notre magasin constatant la matière pesante à sa réception, doit se balancer à sa sortie, non-seulement par les soies ouvrées, mais par le déchet qu'elles ont fait. Une soie à ouvrer se compose de celle qui doit sortir telle, de la bourre qu'elle fera et des liens qui l'attachaient. Nous passerons tout le poids comme le numéro 15, observant toutefois que magasin est ici remplacé par *soies en liquidation.*

31. ——————————— *Du 30 octobre.* ———————————

Vérification faite des soies reçues et livrées à simple façon, il résulte que, par le fait de l'humidité, j'ai donné à M. Peruqfin 5 kilogrammes de soie de plus que je n'en avais reçu.

En partie double, il faut que chaque compte soit balancé, c'est-à-dire que le débit et le crédit d'un compte soient égaux ou le deviennent par le fait de la compensation.

Dans l'hypothèse présente, le crédit du compte de magasin dépasse le débit de 5 kilogrammes; l'inverse arrive au compte de Peruqfin. Comme la soie trouvée en dehors de celle que nous avions reçue, appartient à ce dernier, il faudra supposer qu'il nous a livré réellement cet excédant; nous l'en créditerons au débit de magasin, et l'équilibre sera établi.

RÈGLE GÉNÉRALE. Lorsqu'on aura de la soie au-delà du poids reçu, on passera l'article comme si on la recevait à l'instant; si, au contraire, il en manquait, on le passera comme si l'on donnait réellement le poids manquant.

DE LA TRAITE OU LETTRE DE CHANGE.

La traite, que l'on nomme aussi mandat ou lettre de change, est un ordre que l'on donne à un tiers pour recevoir, par lui-même ou autrui, une somme qui est à notre disposition, à titre de propriétaire réel ou convenu.

Vue sous le rapport commercial, la traite doit être regardée comme étant le numéraire qu'elle représente, et, dès-lors, comme une somme dont nous touchons le montant des mains du tiré.

Sous le rapport juridique, elle est censée être fournie sur un fonds qui lui est acquis, le jour même de son émission, quelle que soit la longueur de son échéance, puisque le porteur peut, le jour qu'il en est possesseur, l'envoyer en acceptation, et, sur le refus d'accepter, demander le cautionnement d'autant au tireur et aux endosseurs.

Le montant d'une traite est donc une somme qu'un tiers doit payer pour nous. La traite elle-même n'est que la quittance et l'adresse du tiré.

Cependant, beaucoup de traites disposent d'un fonds que le tireur est obligé de faire à l'échéance, par l'envoi de la contre-valeur. Dans ce cas-là, elles sont un mensonge légal ; mais, dans le commerce, tous les engagemens doivent être écrits comme étant aussi vrais que l'argent même, exempts de toute présomption fâcheuse. Ainsi, que l'acquit soit subordonné à une provision à faire ou préexistante, ce sera pour notre comptabilité un fait accompli, devant avoir un effet indépendant de tout doute.

Si le mandat ne reçoit pas son exécution, il y a lieu, alors seulement, à une nouvelle opération, qui fera le sujet d'un autre article.

RÈGLE GÉNÉRALE. Lorsqu'on fournit une traite, on crédite le tiré de son montant, au débit du compte qui l'a reçu.

32. ———————————— *Du 31 octobre.* ————————————

Pour solde du compte de M. Dautheville, j'ai donné ma traite,
   à son ordre et à vue, sur M. Peruqfin, de   F. 115 »

Peruqfin doit acquitter notre traite : il doit être crédité; c'est Dautheville qui reçoit : il doit être débité.

Par les raisons ci-après données, nous créditerons Peruqfin à son compte grande façon.

33. ———————————— *Dudit.* ————————————

J'ai reçu de M. Peruqfin,   /   F. 500 »

L'argent que nous recevons peut être appliqué à l'ancien compte de façons ou au nouveau, si la somme est donnée sans que sa destination soit spécifiée, il ne peut en résulter aucun quiproquo nuisible. Cependant, ce qui doit décider le choix, c'est l'état des paiemens faits à l'ancien, où l'on doit porter les à compte jusqu'à concurrence approximative de la somme qui peut lui être due.

Dans ce cas-ci, pensant que les 500 francs dépasseront le montant des simples façons, nous en créditerons le nouveau compte de Peruqfin, et en débiterons caisse.

34. ———————————— *Dudit.* ————————————

J'ai soldé mes ouvriers, fin à ce jour, par   F. 420 »

Comme au numéro 8.

5

35. ——————————————— *Du 5 novembre.* ———————————

J'ai réglé avec M. Peruqfin notre compte à simple façon; il
   m'a dû 460 kilogrammes de soie nette, à 4 francs, ci   F. 1840 »

Si nous passons au débit d'ouvraisons tous les frais de moulinage,
par contre, nous devons passer à son crédit tout ce qu'il nous en
revient. C'est par la comparaison des deux côtés du compte, que nous
établirons le gain ou la perte que nous aurons faits.

Lorsque, comme dans l'hypothèse présente, on a deux comptes
pour le même fournisseur, lors du réglement du vieux, on solde
ce dernier.

Si nous avons trop reçu d'argent, nous le soldons au crédit du
nouveau; nous faisons l'inverse, si nous n'avons pas reçu le montant entier.

Dans ce dernier cas, on peut, pour abréger les écritures, diviser
le montant des ouvraisons, en faire servir une partie pour niveler le
compte ancien, et l'excédant au débit du compte nouveau. C'est ce
que nous ferons, en créditant ouvraisons de F. 1840 au débit de :

   Perupfin, F. 1465;

   Pour solde de compte à simple façon.

   Peruqfin, son compte à grande façon, valeur en compte, F. 375.

36. ——————————————— *Du 10 novembre.* ———————————

Mon père m'a fait un cadeau en espèces, de   F. 300 »

Plusieurs Teneurs de Livres écrivent le cadeau comme si c'était un
bénéfice fait au commerce; conséquens avec nos principes, nous
disons que l'être commercial ne saurait s'enrichir que de ce qui est
de son fait. Ainsi, nous débiterons caisse, de F. 300, et en créditerons
capital.

37. ——————————————— *Du 15 novembre.* ———————————

J'ai acquitté le compte de mon cordonnier, s'élevant à   F. 24 »

Les dépenses d'entretien personnels faisant partie du compte de
ménage, nous le débiterons au crédit de caisse.

38. ——————————————— *Du 19 novembre.* ———————————

J'ai fait cadeau à mon père d'une montre de   F. 225 »

Cette libéralité étant en dehors du commerce, nous en créditerons
caisse au débit de capital, suivant ce qui a été dit au numéro 36.

39. ————————— *Du 23 novembre.* —————————

Étant responsable, en ma qualité de fermier, de la fabrique
et des soies de M. Peruqfin, je les ai assurées moyennant
la prime de   F. 20 »

Les primes sont des frais qui doivent être inhérens à l'objet pour
lequel elles ont lieu.

Comme fermier d'une fabrique, et responsable des matières qu'elle
renferme, l'assurance est un fait commercial qui a pour but de prévenir
des sinistres attachés à notre profession.

Comme propriétaire, elle a pour résultat de consolider l'immeuble, de le dégager de ce qu'il a d'insolide dans son existence, et lui
donner une valeur fixe qu'il n'a pas par sa nature. Dès lors la prime
doit être payée par la propriété elle-même, elle est un acte en dehors
du commerce, et doit être passée au débit de capital.

Dans l'article dont il s'agit, étant une prévision commerciale, nous
en débiterons profits et pertes à fur et mesure de la présentation et
l'acquit des billets de prime consentis à cet effet.

40. ————————— *Du 28 novembre.* —————————

J'ai fait filer, pour mon usage personnel, 3 kilogrammes de
bourre de soie; elle vaut 6 fr. le kilog., monte   F. 18 »
On m'en a fait des bas dont la façon m'a coûté   12 »

                                            Total   F. 30 »

Le total de ce compte se forme de deux choses prises en deux lieux
différens : l'une sort du magasin et l'autre de la caisse; il faudra créditer chacun de ceux-ci pour ce qui le concerne, et débiter ménage,
à qui tout est destiné.

41. ————————— *Du 30 novembre.* —————————

J'ai payé mes ouvriers, fin à ce jour, par   F, 411 95

Il faut passer cet article comme au numéro 8.

On remarquera que nous n'avons, en ce moment, en caisse que
211 fr. 95 cent.; mais nous avons fait le solde par un emprunt de
plaisir, à Pierre, de la somme de 200 francs.

Devant rendre cette somme dans la huitaine, nous n'en passons
pas écriture : nous avons seulement fait un billet-monnaie en faveur
de Pierre.

42. ————————— *Du 2 décembre.* —————————

J'ai échangé 3 kilogrammes de liens contre 6 de bourrette, pour la
fabrique.

Il faut, dans ce cas-là, fixer le prix de la matière que l'on donne, pour l'appliquer à celle que l'on reçoit en compensation.

Le prix des liens étant de 5 francs, nous en créditerons magasin, qui les fournit, et débiterons d'autant le compte ouvraisons, auquel est destinée la contre-valeur.

43. ———————— *Du 7 décembre.* ————————

J'ai vendu à Veyren, d'Annonay :

20 kilogrammes de bourre, à 7 fr., ci	F. 140	»
3 kilogrammes de liens, à 2 fr.,	6	»
Total	F. 146	»

D'après ce que nous avons dit au numéro 30, la bourre et les liens font partie du magasin, comme la soie dont ils dérivent : leur vente doit être faite à son crédit, par le débit de caisse, qui en reçoit le montant.

44. ———————— *Du 12 décembre.* ————————

Les réparations de la fabrique, au-dessous de 3 francs, étant à ma charge, j'ai payé au machiniste ou au serrurier,   F. 70 »

Les réparations de fabrique venant grossir les frais d'ouvraisons, elles doivent faire partie de ce compte, qui sera débité, et caisse créditée.

45. ———————— *Du 17 décembre.* ————————

J'ai reçu de M. Peruqfin la somme de   F. 1000 »

Passer comme au numéro 7.

46. ———————— *Du 23 décembre.* ————————

J'ai payé au percepteur ma patente de l'année courante, par F. 50 »

La patente étant une redevance commerciale, son montant doit être porté au débit de profits et pertes.

47. ———————— *Du 24 décembre.* ————————

Pour aller chez M. Peruqfin, j'ai loué un cheval qui m'a coûté F. 3 »

Lorsque les frais de cheval sont faits pour le besoin du commerce, ils doivent être passés comme ceux de patente. (n° 46.)

48. ———————— *Du 25 décembre.* ————————

J'ai remis à M. Peruqfin toutes les soies ouvrées que j'avais pour son compte; elles ont pesé net, avant condition,   470 kilog.

Passer comme au numéro 15.

49. ——————————— *Du 26 décembre.* ———————

J'ai vendu à M. Chaussine, d'Uzès :

7 kilogrammes de bourre de soie, à 7 fr., ci		F. 49	»
2 dᵒ de liens, à 2 fr.,		4	»
	Total	F. 53	»

Passer comme au numéro 43.

50. ——————————— *Du 27 décembre.* ———————

Je dois à M. Peruqfin, pour le trimestre courant de sa fabrique, F. 600   »

Le prix de ferme venant réduire d'autant notre bénéfice, nous le passerons par profits et pertes.

51. ——————————— *Du 31 décembre.* ———————

J'ai soldé le mois courant de mes ouvriers, comme suit :

En espèces, par		F. 446	»
En 2 kilogrammes de liens, à 2 fr., ci		4	»
	Total	F. 550	»

Nous débiterons le compte ouvraisons au crédit de caisse, pour 446 francs, et celui de magasin, pour le montant des liens qu'il a fournis.

Lorsque, dans le courant du mois, nous donnerons à des ouvriers des objets en nature, nous l'écrirons au journal des ouvriers seulement; à l'époque du réglement, on crédite les comptes, chacun pour autant qu'ils ont fourni.

52. ——————————— *Du 31 décembre.* ———————

J'ai réglé mon compte avec M. Peruqfin, comme suit :

Poids de la soie grège,	500	kilog.
Condition : 2 pour cent à rabattre,	10	»
Reçu net	490	kilog.

Les soies ouvrées ont perdu 10 kilogrammes en condition, ce qui réduit les 470 kilog. livrés à 460 kilog.; à 12 fr.,

montent	F. 5520	»
A déduire, 30 kilogrammes de déchet, à 50 fr.,	1500	»
Montant net des ouvraisons à grande façon,	F. 4020	»

Passer l'article comme au numéro 35.

Nota. Le débit de magasin se balance bien par les soies livrées ou le déchet vendu, mais cela ne s'opère pas également au compte du fournisseur, chez lequel le déchet ne fait pas retour. Pour niveler, il a donc fallu porter 40 kilogrammes au débit de Peruqfin, chiffre égal aux diverses ventes de bourre ou liens.

Cette balance devra toujours se faire par le poids vendu ou passé à compte nouveau, lors du réglement.

53. ———————————— *Du* 31 *décembre.* ————————————

J'ai acquitté mon billet, ordre Baron, de   F. 5o »

Nous payons notre billet, nous devons en débiter le compte qui en avait été crédité, en faveur de caisse.

54. ———————————————— *Dudit.* ————————————————

Vérification du poids reçu et livré, des soies à grande façon, je trouve
une différence de 10 kilogrammes, à mon avantage.

Il est presque impossible que le poids reçu égale celui que l'on livre. On pourrait s'abstenir de le constater; mais, pour l'uniformité des écritures, il convient de balancer le poids comme l'argent.

Pour y parvenir, on passera la différence par le compte magasin et celui du fournisseur, en la portant au débit de celui en faveur de qui elle sera, et au crédit du compte reliquataire.

En conséquence, nous débiterons magasin de 10 kilogrammes, au profit de Peruqfin.

DU GRAND-LIVRE.

Nous n'avons parlé jusqu'ici que du brouillard et de la manière de passer les écritures au journal; il faut cependant que le report ait lieu immédiatement au grand-livre. Nous allons donc raisonner sur un travail qui a dû précéder.

Si la transcription des opérations, au journal, exige que l'imagination suive de près la plume, il ne faut, pour les reporter au grand-livre qu'une précision purement mécanique.

Deux colonnes, en tête desquelles on écrit le nom de l'individu réel ou fictif pour lequel on a ouvert un compte, sont les dispositions que nous donnons à ce registre, d'où doivent sortir la raison et le génie de la partie double ; l'une sera la colonne du débit, et l'autre celle du crédit; elles seront reconnues par l'invariabilité du côté qu'on leur assigne, ou par les mots : *Doit — Avoir.*

Des colonnes divisionnaires seront tracées intercalairement de chaque côté, pour le mois, la date, le folio du journal où est inscrit l'article et pour les sommes; il faudra même en pratiquer une cinquième, lorsqu'on voudra constater le poids de la matière reçue ou livrée.

Il suffira de jeter un coup-d'œil sur le grand-livre, pour saisir la destination et l'emploi spécial des colonnes.

Dans chaque opération, il y a deux totaux égaux : 'c'est ce que doivent un ou plusieurs débiteurs à un ou plusieurs créditeurs. L'individu débité l'est de la même somme que le crédité.

En portant au grand-livre, une fois la somme de l'opération à la colonne débitrice du compte du débiteur, et une autre fois à la colonne créditrice du créancier, on consignera activement et passivement le même chiffre. Voilà d'où dérive le nom de partie double ou l'art de tenir chaque compte par débit et crédit.

Pour reporter, par exemple, l'article 2 du journal au grand-livre, nous écrirons à la colonne de débit du compte magasin, 500 kilogrammes, et ce même poids sera aussi porté à la colonne de crédit de Peruqfin.

Quelquefois le total d'un article est dû par plusieurs à plusieurs. Le grand-livre n'en sera pas moins débité et crédité d'autant, quel que soit le nombre de comptes où la somme doive être partiellement écrite. C'est ainsi que, pour l'article premier, nous avons porté au crédit de capital F. 550, aux débits de caisse et de porte-feuille, chacun pour le chiffre qui le concernait.

Ce n'est donc que pour connaître le chiffre du débit et du crédit de chaque compte, que nous tenons le grand-livre. Si nous voulons savoir d'où il dérive, nous n'avons qu'à regarder le journal au folio indiqué. Néanmoins, on met généralement un extrait de l'article entre la colonne des jours et celle du folio. Nous n'imposerons là-dessus aucune règle, parce que cette insertion est purement facultative. Voici cependant ce qui nous détermine à faire le contraire. Le grand-livre, où chaque transposition ne doit occuper qu'une ligne, ne présente pas assez d'espace pour y écrire le sommaire voulu pour un compte détaillé : on évite donc rarement le recours au journal. D'ailleurs, si nos opérations sont minimes, l'inconvénient ne sera pas grand; si, au contraire, elles sont considérables, la réduction du travail nous indemnisera largement de ces incomplètes indications.

DE LA BALANCE DES ÉCRITURES.

Si deux individus se doivent mutuellement, la compensation s'opère de droit. L'actif et le passif d'un compte s'entrequittent de même. On ne saurait dire qu'un négociant doit 100,000 francs, si, d'autre part, cette somme lui est due.

C'est l'action de ce fait que nous nommons *balancer les comptes.* Le débit d'un compte doit être regardé comme un poids que le crédit tend à *équilibrer*, et réciproquement.

C'est sous ce point de vue qu'il faut examiner la situation de chacun de ceux qui composent notre comptabilité. La compensation est entière ou seulement partielle; elle peut avoir lieu graduellement ou dépasser alternativement le capital à balancer.

La transcription d'une somme au débit ou au crédit, a pour effet d'amortir pour autant le côté contraire. Ainsi, quelle que soit la quotité du débit, la gravité de la dette n'est que de l'excédant sur le crédit. Les chiffres du doit et avoir s'entredétruisent mutuellement.

Il est des jours où l'on doit mettre les comptes en équilibre parfait : ce sont ceux où l'on veut régler les écritures, connaître la position générale et celle de chaque compte en particulier.

Nous établirons le contrepoids des comptes en ajoutant à leur débit ou à leur crédit la somme qu'il faudra pour égaler celle du côté le plus fort. Cette somme compensatrice se nommera *solde*.

Les comptes se soldent par eux-mêmes, excepté le récenseur profits et pertes, qui doit l'être par celui de capital.

Pour solder un compte par lui-même, il faut séparer les opérations que l'on veut clôturer d'avec celles qui peuvent avoir lieu à l'avenir, et en former de fait deux appartenant au même individu, distingués par *compte vieux* et *compte nouveau*; on établira ensuite la différence du débit au crédit; on la portera au côté reliquataire du compte à régler, et on la fera figurer *à nouveau*, à l'actif ou au passif, selon que le compte balancé sera créancier ou débiteur.

Avant de commencer la balance des comptes, il faut préalablement capitaliser ce qu'ils ont perdu ou produit. On fait, à cette fin :

1° Le compte courant des comptes qui portent intérêt, pour savoir en faveur de qui ils sont ;

2° L'état matériel de l'actif et du passif de magasin, pour en connaître la différence ;

3° L'état des comptes d'approvisionnemens, afin de ne passer par profits et pertes que la quotité consommée, et porter le montant de la matière restante à compte nouveau.

Si les bénéfices ou les intérêts sont en notre faveur, il faut en créditer profits et pertes au débit des comptes qui les auront produits, et l'en débiter à leur crédit, s'il y a pertes ou intérêts à notre préjudice.

Nos comptes ainsi réglés, capital et intérêt, seront *valeur au jour* de leur réglement, c'est-à-dire qu'il n'y aura que le montant du solde porté au nouveau compte, qui sera susceptible de mouvement ultérieur.

55. ———————————— *Du 31 décembre.*————————————

J'ai vérifié tous mes comptes, afin de faire l'inventaire de chacun et distinguer leur situation par rapport à leur état matériel et bénéficiaire. Voici le résultat de mes recherches :

1° Le compte de magasin a à son avoir 226 francs provenant de la vente de la bourre et liens des soies ouvrées à grande façon.

La vente du déchet est regardée dans le moulinage comme un dédommagement du poids manquant que l'on est obligé de payer. Vu sous ce point, son montant est un bénéfice ; il doit être porté au crédit de profits et pertes, au débit de magasin, qui en avait été préalablement crédité, parce que la matière qui l'avait produit était de sa compétence.

2° Le compte de menus plaisirs a à son débit 10 francs. Comme je ne me trouve plus rien de cet argent destiné à mes *folles dépenses*, j'ai la certitude de l'y avoir tout employé.

Le compte de menus plaisirs est débité à la place de profits et pertes, pour mieux distinguer l'argent qu'on y affecte. Lors du réglement, on doit faire rentrer toutes les fractions qu'on a voulu spécialiser vers le centre principal, dont on les avait conventionnellement détachées. Nous débiterons donc profits et pertes au crédit de menus plaisirs, pour balancer et annuler en même temps le montant de ces dépenses.

Si des 10 francs que nous avons pris pour nos folles dépenses, il nous en restait encore, il serait injuste de passer le tout par profits et pertes (Nous raisonnons ici dans la rigueur du principe); nous ne devons écrire comme dépensé que la quotité qui l'a été réellement, et porter à compte nouveau celle qui est destinée à nos libéralités à venir.

3° Le compte de ménage est débiteur de 291 francs, pour achats, dont il ne me reste rien.

Tous nos approvisionnemens étant consommés, il y a perte conventionnelle du montant de leurs achats : il faut en débiter profits et pertes au crédit de son compte divisionnaire.

Si, à l'époque du réglement de nos écritures, il nous restait encore des provisions de bouche ou autres, nous estimerions approximativement la valeur de la quantité restante, et nous la porterions à nouveau, ne devant passer par profits et pertes que la partie réellement consommée.

4° Comparant l'actif et le passif du compte ouvraisons, je trouve qu'il y a un excédant en ma faveur de 2618 francs et qu'il ne me reste rien en approvisionnemens de fabrique.

L'excédant du produit des ouvraisons, sur ce qu'elles ont coûté, est un pur bénéfice; profits et pertes doivent donc en être crédités au débit du compte ouvraisons.

Nous aurions procédé comme il a été dit ci-dessus, s'il nous était resté du matériel.

Règle générale. Lorsque nous voudrons faire le recensement des pertes et des bénéfices des comptes susceptibles, par leur nature, de fluctuations bénéficiaires ou de marquer la quotité des frais commerciaux, nous comparerons l'actif et le passif du compte, et nous estimerons la valeur de la matière restante. Si, défalcation faite de la valeur non consommée, l'actif est plus fort que le passif, il faudra créditer profits et pertes de la différence, et faire l'inverse, si le contraire a lieu.

Poursuivant nos recherches sur les autres comptes, nous n'avons rien trouvé à en prélever, n'étant passibles d'aucune contribution bénéficiaire.

Il est des cas où plusieurs articles, en partie double, sont si inhérens à l'opération qui les a produits, qu'alors on peut les agglomérer et n'en faire qu'un seul : de ce nombre sont les quatre précédens, qui se rattachent tous à un même réglement. On appelle cette réunion, un compte de *divers à divers*, parce qu'elle renferme plusieurs débiteurs et créditeurs à la fois.

Les comptes de *divers à divers* ne sont autre chose que la réunion de plusieurs articles en un seul. Cela a lieu en rassemblant d'un côté tous les débiteurs, et de l'autre tous les créditeurs; les premiers seront les *divers* qui doivent, et les autres, les *divers* à qui il est dû.

Si, dans l'hypothèse dont il s'agit, nous passons les quatre articles isolément, nous écrirons :

1° Magasin doit à profits et pertes,	F. 226	»
2° Profits et pertes doivent à menus plaisirs,	10	»
3° Profits et pertes doivent à ménage,	291	»
4° Ouvraisons doivent à profits et pertes,	2618	»

Chaque total des débits et des crédits se composera de F. 3145 »

Si, au contraire, nous n'en faisons qu'un seul article, nous écrirons :

Magasin doit   F.   226 »

Profits et pertes doivent } 10 — 291   301 »
Profits et pertes   »

Ouvraisons doivent   2618 »

                       F. 3145 »

A menus plaisirs,   F.   10 »
A ménage,   291 » } F. 3145 »
A profits et pertes,   F.   226 » } 2844 »
A profits et pertes,   2618 »

Nous remarquons que l'une et l'autre manière ne vicient en rien l'effet de la partie double. Chaque débiteur et créditeur n'en va pas moins prendre sa place au grand-livre, telle qu'elle lui est indiquée par les règles ordinaires.

L'usage des comptes de divers à divers doit être réduit aux seuls cas où l'on craindrait de détruire l'unité d'une même opération par la division des actes qui la composent, parce que la réunion confuse de plusieurs débiteurs ou créditeurs rend la tenue des livres moins claire, en isolant le premier de son créancier respectif, sans laisser apercevoir celui auquel il se rattache.

On aura le sentiment exact de ce qu'est un compte de *divers à divers*, si l'on se pénètre bien que tous les articles inscrits au journal pourraient être réunis en un seul, composé de tous les débiteurs et créditeurs qui y existent. En effet, nous voyons, dans la série de nos écritures, que c'est un grand nombre de débiteurs qui doivent une somme égale à un autre grand nombre de créanciers; qu'en faisant, d'un côté, la masse des débiteurs, et, de l'autre, celle des créditeurs, le résultat serait le même, quoique les opérations fussent confondues.

Si ce n'était l'ordre de date qu'il faut donner à nos opérations journalières, nous pourrions faire un seul article du mouvement commercial de tout un espace de temps plus ou moins long; mais cette obligation réduit cette faculté aux actes du jour; c'est seulement dans le haut commerce que l'on peut en user pour abréger les écritures.

DE LA PREUVE DES ÉCRITURES.

Le total de chaque opération commerciale est écrit : 1º au journal, 2º au débit du grand-livre; 3º une autre fois, aux colonnes de crédit de ce dernier; de manière que par l'addition des chiffres du journal et de ceux de chaque colonne active et passive du grand-livre, nous devons obtenir trois totaux égaux. C'est de la rencontre de ce fait, que nous acquérons la preuve du bien-être de nos écritures.

Cette vérification aura lieu en raison de l'importance des affaires et de la curiosité du Teneur de Livres; elle doit toujours précéder l'inventaire général. On concevra dès-lors qu'il faut s'assurer de temps en temps si on a bien passé les articles, afin de n'être pas obligé, au réglement définitif, de faire des recherches sur la totalité des écritures antérieures.

Si, avant l'inventaire général, on fait la preuve des écritures, on écrit chacun des trois totaux au bas de la colonne qui l'a produit; à la vérification suivante, on reprend ces sommes, qu'on ajoute aux chiffres des opérations subséquentes. D'après ce mode, si quelque erreur s'était glissée, on n'aurait qu'à rechercher jusqu'au total précédent, étant sûr qu'elle ne peut être au-delà.

Préjugeant sur la nécessité de faire cette récapitulation, nous la fixons :

Pour le façonnier, au réglement général de ses écritures;

Pour le moulinier pour son compte, tous les trois mois;

Pour le moulinier négociant, tous les mois.

Le comptable, néanmoins, prendra pour règle de cette nécessité : la masse de ses affaires, le doute qu'il pourrait avoir sur la justesse de ses écritures, son tâtonnement ou son habileté à les passer, et, enfin, le désir, plus ou moins aiguillonnant, d'avoir la conscience de sa comptabilité.

Cette manière de se rendre compte des écritures remplace avantageusement le mode ancien, qu'on appelait *pointage*, sorte de vérification où deux individus, dont l'un tenait le journal et l'autre le grand-livre, marquaient d'un point l'article vérifié, et a, d'ailleurs, pour but essentiel, de nous faire voir en même temps la position de chaque compte en particulier, sous son rapport actif et passif.

Indépendamment de la preuve générale, il est des comptes dont l'inventaire particulier a besoin de se faire plus souvent ; de ce nombre est surtout celui de caisse, dont la visite doit avoir lieu chaque fois qu'il y a eu recette ou paiement de quelque importance, afin de s'assurer si sa position écrite et sa situation matérielle sont les mêmes. On appelle cette vérification, *faire sa caisse.*

Il sera aussi loisible de poser au grand-livre le total trouvé au débit et au crédit, pour réduire les recherches, en cas d'erreurs postérieures.

Par la même raison, quoique moins souvent, on pourra faire *son magasin*, *son porte-feuille*, etc., c'est-à-dire, vérifier si leur état est exact.

D'après ce que nous venons de dire, et au moment où nous nous préparons à clore nos comptes, nous ferons la preuve de ce qui est écrit dans les cinquante-cinq articles du journal.

TOTAL DU JOURNAL.	COMPTES DU GRAND-LIVRE.	TOTAUX DU GRAND-LIVRE.	
		DOIT.	AVOIR.
18342	Capital	270	850
	Magasin	226	226
	Caisse	3779	3499
	Billets à payer	323	323
	Porte-feuille	450	450
	Profits et pertes	984	2864
	Ouvraisons	5959	5959
	Menus plaisirs	10	10
	Ménage	291	291
	Peruqfin	1465	1465
	Peruqfin, S. C. à grande façon	4395	2215
	Dautheville	190	190
18342		18342	18342

56. ——————————— *Du* 31 *décembre.* ———————

J'ai soldé le compte profits et pertes par F. 1880, en ma faveur.

Après avoir capitalisé toutes les pertes et tous les bénéfices des comptes, on passe le solde du compte profits et pertes par capital; sa quotité représente le résultat net de notre commerce, depuis le dernier réglement.

Si le solde est à notre préjudice, notre capital se trouve réduit d'autant, et doit en être débité au crédit de profits et pertes; si, au contraire, il est en notre faveur, il faut faire l'inverse.

57. ——————————— *Dudit.* ———————————

J'ai passé à nouveau tous les comptes qui n'étaient pas balancés eux-
    mêmes par l'égalité des chiffres de leur actif et de leur passif.
    De ce nombre sont :

    1° Le compte de Peruqfin, qui me doit F. 2180.

D'après ce qui a été dit à la balance des écritures, nous supposons qu'à l'instant nous ayons deux Peruqfin, dont l'un, *le vieux*, comprendra dans son compte toutes les écritures passées, et l'autre, *le nouveau*, toutes celles à venir, et nous passerons le solde l'un par l'autre, comme si nous avions affaire à deux individus différens. Dans ce cas-ci, le solde étant en notre faveur, nous dirons : Peruqfin, *son compte nouveau*, doit à Peruqfin, *son compte vieux*, F. 2180. Ce solde, porté au crédit du compte vieux, le balancera parfaitement, et sa transcription au débit du compte nouveau exprimera ce qui nous est dû fin à ce jour. On suit la même règle pour tous les comptes.

    2° J'ai soldé le compte de caisse, par F. 280, en ma faveur.

Caisse doit, compte nouveau, à caisse, compte vieux, F. 280.

    3° J'ai soldé le compte de capital, par F. 2460, en sa faveur.

Dans ce compte, le solde étant à son bénéfice, nous dirons :
Capital, compte vieux, doit à capital, compte nouveau, F. 2460.

Comme le solde profits et pertes exprime les pertes ou les gains que nous avons faits, celui de capital représente le montant de tout ce que nous avons ou devons au commerce.

Par les raisons données au numéro 55, nous ne ferons qu'un seul article des trois soldes susdits, en suivant les mêmes règles.

Une objection se présente ici sur la sortie du chiffre à la colonne du journal, que nous devons clore aussi avec les écritures du grand-livre : c'est que le total de l'article est porté une fois à compte vieux et une fois à compte nouveau; que ces deux comptes vont être séparés par un trait, afin que leurs sommes ne puissent plus se confondre; que, dans la vérification de nos écritures postérieures, nous ne pourrions pas trouver trois totaux égaux, une partie des chiffres ayant servi à niveler les comptes vieux.

Pour prévenir cette inégalité de chiffres dans notre journal avec le grand-livre, nous diviserons le total de l'article en deux parties égales, dont l'une figurera à compte vieux, et sera comprise dans son total de clôture, et l'autre à compte nouveau, pour y agir activement à titre de tiers-niveleur des soldes portés à nouveau. Il suffira de voir le journal, pour mieux se pénétrer de cette opération finale.

DE L'INVENTAIRE GÉNÉRAL.

L'inventaire général a deux buts : celui de connaître le montant de la situation commerciale, et la nature des objets qui composent celle-ci. Si l'on ne veut connaître que le chiffre, on n'a qu'à faire l'état des soldes des comptes portés à nouveau. La différence de l'actif au passif doit égaler le solde de capital.

Si nous voulons faire l'inventaire matériel de notre position, nous faisons l'état des soldes par rapport aux objets en nature qu'ils représentent.

Nous ferons remarquer, 1° qu'en arrêtant les comptes, nous avons fait leur inventaire particulier; qu'il a fallu s'enquérir de la réalité de la matière restante, pour pouvoir en déduire celle vendue ou consommée; que, dès-lors, il y a eu vérification du fait avant la clôture; 2° qu'en soldant le compte profits et pertes, nous avons précisé l'effet des chances commerciales, qui est aussi une des recherches de l'inventaire; 3° qu'enfin, en soldant tous les comptes, nous avons établi l'inventaire général lui-même, dont l'état actif ou passif doit représenter celui de capital.

Si nous voulons savoir combien nous avons de soie au magasin, de valeurs en porte-feuille, ou combien un tel nous doit ou lui devons, c'est leur solde porté à nouveau qu'il faudra consulter; nous aurons leur valeur numéraire, ce qui doit nous suffire, étant déjà sûrs que la contre-valeur existe par l'estimation que nous en avons faite préalablement.

DES NUMÉROS D'ORDRE ET DE LA PAGINATION.

Lorsque, par l'importance ou la nature des affaires, on est susceptible d'une grande émission de billets, ou de recevoir beaucoup d'ef_
fets de commerce, on met à chacun de ses papiers un numéro d'ordre de sortie et d'entrée. Quelques auteurs placent au grand-livre des
colonnes à ce destinées. Nous ne pensons pas que ce soit là qu'elles
doivent être; une seule raison, qui nous paraît sans réplique, motive
notre opinion : c'est que le numérotage exige le détail, au grand-livre,
de tous les effets, et qu'il suffirait qu'un correspondant nous envoyât
une lettre contenant trente broches, pour occuper une page entière.
Cela étant de nature à se répéter souvent, notre compte de porte-
feuille seul en envahirait une trop forte part.

Pour éviter cet inconvénient, nous aurons des livres auxiliaires,
où nous ferons prendre numéro à chaque coupon, à fur et à mesure
de leur transcription.

Indépendamment des cas où la multiplicité des affaires l'exige, il
est toujours bien, dans la comptabilité, d'avoir à chaque registre, le
chiffre de la page à laquelle l'article que l'on veut vérifier se rapporte.

C'est à cette fin que :

Au *journal*, on met, à la gauche, et vis-à-vis chaque débiteur et
créancier, le numéro de la page où leur compte est ouvert au grand-
livre;

Au *grand-livre*, une colonne est exclusivement destinée à indiquer
la page à laquelle l'article se rapporte au journal.

D'autres comptables ajoutent au grand-livre une seconde colonne,
où l'on écrit le numéro de la page où est ouvert le compte de la
contre-partie active ou passive de l'article. Ce luxe de précaution ne
nous paraît pas de grande utilité, lorsque, d'ailleurs, un cahier
auxiliaire, que l'on nomme *Répertoire*, vient suppléer avantageusement à cette double indication, par l'insertion des noms de chaque
compte, par ordre alphabétique.

Pour faire servir la pagination à un double but, il ne faut écrire
le chiffre de la page qu'après s'être assuré de l'inscription de l'article
dont on indique le lieu où il repose, de manière que l'existence du
numéro indicatif soit la preuve de celle de sa transcription là où elle
doit avoir lieu.

Cette précaution servira de *pointage* et préviendra l'oubli, assez fréquent, d'écrire le report d'un article au livre dont on indique la page où il est censé exister.

COMPTABILITÉ DU MOULINIER ACHETANT ET OUVRANT
POUR SON COMPTE.

Le moulinier, opérant pour son compte, a besoin d'une Tenue de Livres conforme à celle du moulinier à façon, augmentée de tout ce qui est relatif aux achats et ventes de la matière, et des négoces qu'ils nécessitent. Nous ne traiterons que ces derniers cas, renvoyant à la comptabilité précédente, ce qui concerne le moulinage.

Cette comptabilité est très-complexe, par rapport aux diverses manières d'acheter et de vendre, et aux divers modes de paiement. Nous tâcherons de donner des exemples sur tous les cas qui nous semblent susceptibles de se présenter.

La possession d'une fabrique à soie entourée de quelques propriétés étant la position la plus commune des mouliniers pour compte, nous supposerons que Paul vient d'hériter, de son père, sa portion patrimoniale, se composant d'une fabrique et d'une somme de 20,000 francs, pour la faire marcher.

L'entrée au commerce n'est cependant pas toujours conforme à celle où nous avons placé Paul : les uns ont une fabrique en ferme, les autres n'ont pas une comptabilité commencée, et d'autres, enfin, ont déjà travaillé en qualité de moulinier pour compte, sans avoir soumis leurs écritures aux règles de la partie double.

Dans le premier cas, la comptabilité ne change pas, parce que, quoique l'usine fût sa propriété, il n'en faudrait pas moins créditer le compte capital du revenu qu'elle est censée produire, et dont on fixe arbitrairement la quotité. On est donc en tout, par rapport au commerce, assimilé à la qualité de fermier, ne devant compter, comme bénéfice, ce qui n'est qu'un avantage de position personnelle.

Si, débutant dans le moulinage pour compte, il n'a pas de comptabilité écrite, il suivra les règles du moulinier à façon, en faisant l'inventaire de tout ce qu'il veut mettre au commerce et de toute dette qu'il voudra amortir par son effet.

Si, enfin, le moulinier pour compte, après avoir opéré en cette qualité, veut réformer son mode de comptabilité, pour tenir ses livres en partie double, il faudra qu'il fasse aussi l'inventaire de tout ce qu'il a au commerce, pour placer chaque nature d'objets au compte convenu, pour y agir activement ou passivement, selon qu'elle est un avoir ou un débet.

L'inventaire général n'est cependant pas le commencement rigoureux des écritures; on peut attendre, pour les enregistrer, que le mouvement commercial amène sous la main du Teneur de Livres les objets actifs et passifs dont se compose la situation passée. On peut marcher, pour ainsi dire, sans regarder derrière soi. A la rencontre des faits antérieurs, on les passera au débit ou au crédit de capital, selon qu'ils seront la propriété d'autrui ou la nôtre.

C'est ainsi que serait passée la partie omise d'un inventaire. On procèdera comme si tout avait été oublié. La vérité de l'enjeu commercial ressortira exactement de la balance de son compte. (Capital.)

Dans ce cas-ci, si M. Ve Guerin réclame justement plus qu'il n'est crédité sur son compte, il faudra écrire l'excédant, en sa faveur, au débit de capital; s'il annonce la vente d'un ballot dont notre magasin n'avait pas été débité, on créditera capital de son montant à son débit. Il en sera de même pour les opérations se rattachant aux autres comptes.

L'exploitation des propriétés attenantes à son usine sera le sujet d'un compte spécial, que nous nommerons *Produits agricoles;* il sera débité de tous les débours qu'elle occasionnera, et crédité de son produit.

S'il avait un ou plusieurs domaines, et qu'il voulût distinguer le rapport respectif de chacun, il leur ouvrirait un compte intitulé *Mon domaine de* . . . . . , qu'il débiterait et créditerait de leurs frais et de leurs produits spéciaux.

La spécialité des comptes subdivisionnaires doit se réduire en raison de l'importance des affaires; parce que nous faisons des opérations plus majeures, nos dépenses de menus plaisirs semblent rester dans une imperceptibilité relative telle, qu'il nous importe plus de les distinguer. Ainsi, nous supprimerons ce compte, et passerons dorénavant ces sortes de dépenses par le compte de profits et pertes, à fur et à mesure qu'elles auront lieu.

Aucun autre changement ne sera apporté au nombre des comptes du façonnier; seulement, celui de magasin, avec le poids, aura à constater de plus le montant des marchandises; quant à leurs fonctions, le jeu et le rôle seront en tout semblables.

Quoique, aujourd'hui, Paul soit devenu propriétaire d'une fabrique, nous n'en parlerons pas dans nos écritures, par les motifs précédemment donnés sur la qualité de l'immeuble; il ne sera question que de l'argent qu'il apporte au commerce.

58. ———————— *Du 1ᵉʳ janvier* 1835. ————————

J'ai reçu, de la succession de mon père, la somme de   F. 20000 »

Toute augmentation de fonds n'étant pas du fait du commerce doit être passée par le compte de capital, de quelle part et à quel titre qu'elle nous vienne, soit par le hasard, la succession ou la dot maritale. Nous écrirons donc : Caisse doit à capital.

59. ———————— *Du 3 janvier.* ————————

J'ai acheté, de Lacroix, de Banne, 300 liv. de soie grège, à 20 fr.,
    ci   F. 6000 »

Caisse donne : il faut la créditer ; et débiter magasin, qui reçoit, du poids et du montant de la soie achetée.

60. ———————— *Du 7 janvier.* ————————

J'ai expédié à Prevot un groupe de 4000 francs, pour qu'il
    me l'emploie en soie grège, à la commission, ci   F. 4000 »

Lorsqu'on fait acheter de la soie à la commission, et que l'on avance de l'argent ou que le commissionnaire chargé est tel, que l'on soit susceptible de faire des affaires continues avec lui, on lui ouvre un compte que l'on débite de tout ce qu'on lui donne, et crédite du montant des marchandises qu'il envoie, commission comprise.

Nous débiterons donc Prevot au crédit de caisse.

61. ———————— *Du 9 janvier.* ————————

J'ai acheté un cheval à double fin, pour l'usage de mon com-
    merce et de mon domaine,   F.   400 »

Que le cheval soit exclusivement destiné au commerce ou à l'exploitation agraire, ce sera capital qu'il faudra débiter de son montant d'achat et créditer de celui de la vente, parce que, malgré les chances de mortalité, nous devons classer cet animal comme l'immeuble qu'il est destiné à faire valoir ; néanmoins, les frais de nourriture ou d'entretien qu'il fera pour l'utilité du commerce seront passés par profits et pertes. Ce sera au commerçant à arbitrer la part contributive des dépenses qui sont relatives à sa profession.

62. ———————— *Du 11 janvier.* ————————

J'ai déboursé, pour frais d'exploitation de mon domaine, F.   250 »

Nous débiterons produits agricoles au crédit de caisse.

Non-seulement on peut distinguer, par un compte spécial, les frais et le rapport de telle ou telle propriété, mais encore de telle ou telle nature de culture; par exemple, le compte de prairies, de vignes et mûriers, etc., en les débitant des dépenses qui leur sont affectées, et les créditant de leurs produits respectifs.

63. ——————————— *Du 13 janvier.* ———————————

J'ai reçu, de Prevot, 200 liv. de soie grège, à 20 fr. 25 cent., commission comprise,   F. 4050   »

Nous créditons Prevot au débit de magasin.

64. ——————————— *Du 19 janvier.* ———————————

ACHATS DE LA FOIRE D'AUBENAS DU 17 JANVIER.

DOIT.		AVOIR.		
Avoir en espèces,	F. 8000	Réglé avec Prévot s./solde, F.		50
Ma traite, ordre Barry, sur		Acheté en droiture :		
Vᵉ Guerin, au 17 fév., de	5000	De Prevot, 100 liv. à 19 fr.,		
		ci	L. 100	1900
		De Meynier, à 19 f. 50, 250		4875
		De Barry, à 20 fr.,	300	6000
		Hôtel ou café,		25
		Il m'est resté en espèc.		150
	F. 13000		L. 650	F. 13000

Lorsqu'on est à un marché ou à une foire, on ouvre un compte sur son carnet ou sur une feuille volante que l'on dispose comme ci-dessus, par *doit* et *avoir*; on le débite des moyens de paiement et crédite de leur emploi; la somme affectée aux achats doit égaler leur montant, en y comprenant celles que nous aurions dirigées ailleurs ou aurions encore en nos mains.

De retour chez soi, on écrit le compte de marché ou de foire, tel qu'il est, sur le brouillard; on en fait un seul article auquel on fait subir les formes de la partie double.

On remarquera que cet article se forme de plusieurs débiteurs et créditeurs à la fois; c'est 7850 francs d'argent, défalcation faite de 150 francs qui sont rentrés dans notre caisse, et une traite de 5000 francs, qui ont payé : 50 francs à Prevot, 12775 francs de soies et 25 francs de dépenses. Par le fait de la rentrée des 150 francs, notre doit et notre avoir sont réduits à F. 12850.

Tous ceux qui ont reçu les 12850 francs ou la contre-valeur doivent à tous ceux qui les ont donnés. C'est dans la véritable distinction des individus preneurs et bailleurs que gît la solution que nous cherchons. Pour la trouver, nous dirons :

Il nous est dû F. 12850 :

Par Prevot, à qui nous avons donné	F.	50
Par magasin, qui reçoit 650 livres de soie,		12775
Par profits et pertes, pour nos dépenses,		25
Total	F.	12850

Qui ont été payés ;

Par notre caisse, argent employé à Aubenas,	F.	7850
Par Vᵉ Guerin, sur qui nous avons fourni N/traite,		5000
Total	F.	12850

Nous ferons donc un seul article de divers à divers, d'après les règles précédemment données.

65. ——————— *Du 23 janvier.* ———————

Il manque à ma caisse	F.	1	65
J'y ai trouvé une pièce fausse de		5	»
Total	F.	6	65

Dans le haut commerce, il y a un caissier responsable, à qui l'on fait une passe annuelle pour les erreurs, inévitables dans une grande manipulation de fonds ; dans ce cas, le manque de numéraire est couvert par l'agent comptable, et la caisse doit être toujours juste.

Il n'en est pas ainsi en l'absence de cet agent ; n'ayant aucun recours, il faut passer le déficit par profits et pertes au crédit de caisse, dont la somme se trouvera rétablie.

66. ——————— *Du 27 janvier.* ———————

Poncet, de Baumont, m'avise de sa traite, ordre Comtes, de Charmes, avec prière de la lui acquitter à son débit ; ce que j'ai fait, ce jour, avec	F. 1000	»

Poncet nous tire une lettre de change que nous acquittons : caisse doit en être créditée. Qui devons-nous débiter ? Sera-ce porte-feuille ? Il est vrai qu'en payant, on nous a donné, et nous sommes porteurs de la traite ; mais son acquit nous constitue son débiteur convenu, et nous ne pourrions, par conséquent, en faire usage.

L'acquit qu'a apposé au dos le dernier porteur, n'opère pas transmission, mais seulement la preuve que le paiement a eu lieu. Or, si cette lettre de change n'est pas un effet actif, en nos mains, dont nous puissions faire la négociation, elle ne peut être un papier de porte-feuille, mais seulement un témoin nous constituant créancier d'autant de Poncet. C'est donc un prêt simple que nous avons fait à ce dernier, dont le compte sera débité.

67. ———————————— *Du* 31 *janvier.* ————————————

J'ai acquitté, ce jour :			
Les lettres de voiture de Taupenas,	F.	20	»
Les ports de lettres du mois expirant,		5	5o
Deux affranchissemens,		»	8o
	Total	F. 26	3o

Tous les frais de ports doivent être passés par profits et pertes; les frais de correspondance être écrits tous les mois, lors même qu'ils sont payés à fur et à mesure qu'ils ont lieu.

Pour nantir la caisse de ces petits débours, avant le paiement mensuel, nous ferons des billets-monnaie, ou la transcription sur un agenda à cet usage.

68. ———————————— *Du* 4 *février.* ————————————

M. Ve Guerin m'annonce la vente de mon ballot n° 1, à 35 fr.	
la livre; il a pesé net, après condition, 8o kilogrammes, et	
monte, défalcation faite d'escompte, de commission et frais	
d'usage, valeur au 4 mars,	F. 4771 20

La vente de notre ballot établit son envoi antérieur chez le commissionnaire qui l'a vendu; nous n'en avons cependant pas marqué le déplacement; c'est qu'ainsi que nous l'avons dit, notre magasin ne doit être crédité des objets qui en sortent que lorsqu'ils ne doivent plus y rentrer.

C'est par la voie de la commission qu'ordinairement la vente des soies ouvrées s'effectue; il faut, par conséquent, en faire l'envoi. Ce transfert de notre magasin à celui d'autrui ne constitue pas cession irrévocable, mais seulement la faculté, à un mandataire, de vendre pour notre compte.

Quoique nos marchandises soient entre les mains d'un tiers, elles n'en sont pas moins notre propriété, et susceptibles de faire retour ou d'être transvasées. Elles n'ont donc pas cessé d'être sous la gestion de notre magasin.

Mais, nous dira-t-on, la loi veut que toute expédition de marchandises soit constatée? Sans doute, lorsqu'il y a vente. Dans l'hypothèse que nous traitons, pouvons-nous débiter un mandataire de ce qui ne lui est pas cédé à titre de vente, et qui ne devient nullement sa propriété?

Nous avons lu toutes les tortures qu'on a fait subir à la partie double, pour faire entrer dans le journal général le compte des marchandises en consignation; nous y avons vu beaucoup d'écritures sans pouvoir se passer du registre d'entrée et sortie, qui nous paraît réunir seul toute la légalité et la clarté que nous désirons, par l'indication du poids et la direction de l'expédition.

Ce mode de n'écrire, au journal général, les ballots expédiés, qu'au moment de leur vente, n'a rien, d'ailleurs, qui heurte la loi ni l'intérêt des tiers, parce que, l'entrée des soies étant constatée, le négociant reste passible d'indiquer où est la matière ou la valeur : l'une est la conséquence inévitable de l'autre.

Indépendamment de ce qu'on ne pourrait pas raisonnablement débiter un commissionnaire de ce qu'il ne prend pas pour son compte, il y a encore cette objection, qu'on ne peut ni fixer le poids net ni le prix de vente, avant que celle-ci ait eu lieu.

La commission se fait avec ou sans ducroire. C'est sous la première condition que s'effectue généralement la vente des soies. C'est donc le commissionnaire qui devient notre débiteur; si le contraire avait lieu, il faudrait débiter l'acheteur.

Selon l'usage, nous débiterons Ve Guerin au crédit de magasin, tant du poids que de son montant.

69. ——————————— *Du 8 février.* ———————————

J'ai été vendre, à Saint-Étienne, mes deux ballots n°s 2 et 3 :
le premier a pesé net, après condition, 90 k., à 30 fr. la liv., ci F. 5502 »
le second   »   »   82 k., à 30 fr. 50 la liv.   5075   25

On m'a payé comptant, j'ai expédié et reçu un groupe de   F. 10577   25

Nous créditerons magasin de la soie vendue, et en débiterons caisse.

70. ——————————— *Du 13 février.* ———————————

Suel, de Bagniol, m'a expédié 500 liv. de soie grège, à 20 fr.,
et a fait suivre l'envoi du remboursement de son montant,
ci   F. 10000 »

Magasin reçoit : il doit être débité; le jour de la réception, nous en comptons le prix, caisse doit être créditée.

71. ———————————— *Du 18 février.* ————————————

M. Peruqfin m'a remis les objets suivans :

6 sacs de blé, à 20 francs, ci	F. 120	»
3o livres de savon blanc, à 6o centimes la livre,	18	»
6o livres huile d'olive, à 1 franc,	6o	»
Montent	F. 198	»
Sur laquelle somme je lui ai fait un à compte de	F. 100	»
Reste dû	F. 98	»

Nous avons acheté pour 198 francs d'objets destinés à l'usage du ménage, dont le compte doit être débité; nous avons donné 100 francs : caisse doit en être créditée; nous restons devoir 98 francs à Peruqfin : il faut les passer en sa faveur.

72. ———————————— *Du 23 février.* ————————————

Jean, mon moulinier, a déposé chez moi la somme de 5oo francs, pour un an, à 5 p. o/o, dont je lui ai fait reçu.

D'après ce qui a été dit sur les billets à payer, nous ouvrirons un compte à Jean, que nous créditerons du montant du prêt au débit de caisse, qui le reçoit.

73. ———————————— *Du 28 février.* ————————————

J'ai prêté à Pierre la somme de 1000 francs, pour un an, à 6 p. o/o, contre son reçu d'autant.

Par les raisons données à l'article qui précède, nous débiterons Pierre au crédit de caisse.

74. ———————————— *Du 1er mars.* ————————————

En faisant ma caisse, j'ai trouvé une erreur, en ma faveur, de   F.   3   »

C'est un pur bénéfice; nous créditerons profits et pertes au débit de caisse.

75. ———————————— *Du 2 mars.* ————————————

J'ai coupé, dans ma propriété :

3oo quintaux de bois que j'ai vendus à 75 centimes, ci F.	225	»
200 » que j'ai mis à l'usage de ma fabrique,	15o	»
Total F.	375	»

Nous retirons de notre propriété 375 francs de bois : produits agricoles doivent être crédités; caisse reçoit 225 francs et notre fabrique 150 : nous débiterons les comptes caisse et ouvraisons, chacun pour la part qu'il a reçue.

76. ———————————— *Du 3 mars.* ————————————

    M. Ve Guerin m'a envoyé une remise sur cette ville, au 10 courant, avec prière de la lui encaisser à son crédit, de F.   450 »

Nous recevons un effet : porte-feuille doit être débité au crédit de Ve Guerin, qui nous l'envoie.

77. ———————————— *Du 4 mars.* ————————————

    J'ai acheté, à Isaac, 100 livres de soie, à 20 francs, contre ma traite à son ordre, de F. 2000, au 19 courant, sur Peruqfin, sous escompte de 1/2 p. o/o, que je lui ai compté en argent par F. 10.

Nous avons donné notre traite sur Peruqfin : ce dernier sera crédité de   F. 2000 »

Plus, 10 francs en espèces : notre caisse le sera de   10 »

                            Total   F. 2010 »

C'est là le montant de la soie : magasin doit en être débité.

On objectera, sans doute, qu'on ne doit pas faire subir au prix réel des soies les conventions qui ne lui sont pas rigoureusement inhérentes. Nous renvoyons les raisons à l'escompte, dont nous allons parler.

DE L'ESCOMPTE.

L'escompte est une distraction perçue pour un atermoiement déterminé. Ce n'est pas une pure perte, puisque nous nous servons des fonds d'autrui; que nous évitons un transport sur les lieux du marché, et profitons de l'intérêt de notre argent, chez nos correspondans, pendant tout le temps que nous en reculons le déplacement.

Il se compose de deux choses : l'intérêt et le change; la première subit le cours du jour; la seconde, les difficultés du lieu d'encaissement.

Quoique l'escompte ne soit pas une perte, il y a cependant reliquat entre la valeur que l'on donne et celle que l'on reçoit; cette différence en plus ou en moins, selon qu'elle est perçue en notre

faveur ou à notre préjudice, doit néanmoins être passée par profits
et pertes. Lorsque, cependant, il sera la conséquence d'un achat,
il en fera partie, comme dans l'exemple précédent.

Il est vrai que le montant de l'escompte vient fausser le prix réel
de la soie; mais nous ferons remarquer que, dans l'inventaire général,
c'est le gain ou la perte produite par tous les comptes, que nous
comparons, et qu'en portant l'escompte au préjudice de magasin,
nous n'avons fait qu'une transposition en faveur de profits et pertes,
qui, débité de moins de ce que l'a été l'autre compte, lors du recensement bénéficiaire de chacun, n'en sera pas moins débité de plus
ou crédité de moins d'une somme égale au montant de l'escompte
placé, préalablement et pour la brièveté des écritures, au compte
de magasin.

Enfin, l'escompte devra faire partie du prix lui-même, autant que
cela abrègera les écritures; dans tous les autres cas, il sera du ressort
du compte profits et pertes.

78. ———————————— *Du 5 mars.* ————————————

    J'ai acheté, de Platon, 50 livres de soie grège, à 20 francs,
        que j'ai payés en ma traite, à son ordre, de F. 1005, au
        20 courant, escompte de 1/2 p. o/o compris, sur Poncet,
        de Baumont,   F. 1005 »

Débitons magasin au crédit de Poncet.

79. ———————————— *Du 6 mars.* ————————————

    J'ai reçu, ce jour, deux comptes de vente :

De Vᵉ Guerin, mon ballot nº 4, pesant net 85 kil., à 36 fr.	F.	5257	70
De F. Jamen, » nº 5, » 83 kil., à 31 fr.		5168	15

De Vᵉ Guerin, mon ballot nº 4, pesant net 85 kil., à 36 fr. F. 5257 70
De F. Jamen, » nº 5, » 83 kil., à 31 fr. 5168 15

              Valeur 31 courant et 30 avril prochain,   F. 10425 85

Magasin doit être crédité au débit de Vᵉ Guerin et de F. Jamen,
chacun pour ce qui le concerne.

80. ———————————— *Du 7 mars.* ————————————

    J'ai reçu, de M. Vᵉ Guerin, un groupe de   F. 3000 »

Caisse reçoit 3000 francs : elle doit en être débitée; Vᵉ Guerin
les envoie : il doit en être crédité, valeur du jour même qu'il l'a remis
à la voiture.

81. ———————————— *Du 8 mars.* ————————————

    J'ai reçu, de M. F. Jamen, un groupe de F. 3000, moins 45 centimes,
        pour passe des sacs.

Il est d'usage dans le commerce, de faire payer les sacs 3 sous par mille; et, quoique cette faculté soit réciproque, nous passerons toujours par profits et pertes cette déduction, sauf à la passer au crédit du même compte, lorsque le cas écherra à notre avantage.

Nous créditerons donc F. Jamen, de F. 3000 :

Au débit de caisse, pour	F. 2999	55
Au débit de profit et pertes, pour	»	45
	F. 3000	»

82. ——————————— *Du 9 mars.* —————————

J'ai acheté, de Meynier, de Laurac, 100 livres de soie grège, à 19 francs, que j'ai payées, savoir :

En espèces,	F. 700	»
En ma traite, son ordre sur Pinc Desgranges, payant pour F. Jamen, de Saint-Étienne, au 25 courant,	1200	»
Total	F. 1900	»

Magasin reçoit pour 1900 francs de soie : il doit en être débité. Elle a été payée :

Par notre caisse, 700 francs : elle doit être créditée de cette somme;

Par F. Jamen, 1200 francs, en notre traite sur ce dernier, qui doit être crédité pour sa part contributive.

83. ——————————— *Du 10 mars.* —————————

J'ai acheté, de madame Laondès, des Vans, 400 livres de soie, dont le prix sera celui de l'un des marchés du mois de mai, à son choix.

Ces marchés aléatoires ont quelquefois lieu; on reçoit par conséquent des soies dont on ne connaît pas le prix fixe; alors on leur donne une valeur approximative, basée sur le cours du jour. Lors de la fixation du prix définitif, on passe par profits et pertes le bénéfice ou la perte que l'on a faite dans ce marché.

Nous cotons le prix de cette soie, à 20 francs la livre, ce qui fait 8000 francs, dont nous débitons magasin et créditons madame Laondès.

84. ——————————— *Du 11 mars.* —————————

J'ai acheté, à M. Bayle, des Vans, 200 livres de soie grège, dont le prix sera le cours du 24 mai prochain. Je lui ai donné, à compte, la valeur éventuelle, que nous avons fixée à   F. 4000 »

Nous passerons cette opération comme si elle avait eu lieu comptant. Lors de la fixation définitive, nous passerons par profits et pertes, la différence.

85. ——————————— *Du 12 mars.* ———————

J'ai encaissé ma remise sur Privas, de   F. 450 »

Caisse doit être débitée au crédit de **porte-feuille**.

86. ——————————— *Du 13 mars.* ———————

J'ai acheté, de M. Manifacier, de Saint-Ambroix, 100 livres
de soie, dont le prix sera fixé au cours du mois de mai
prochain. Je lui ai donné à compte   F. 1000 »

Nous ferons comme au numéro 83 : en donnant à la soie un prix approximatif; nous débiterons magasin du montant éventuel aux crédits de caisse, pour ses débours, et de Manifacier, pour ce que nous lui restons devoir.

87. ——————————— *Du 14 mars.* ———————

J'ai acheté, de M. Silhol, de Saint-Ambroix, 120 livres de
soie grège, à 20 francs au moins : s'il venait à y avoir
une augmentation, d'ici au mois de juin, je serais obligé
de lui payer l'excédant.

20 francs étant le prix convenu, nous créditons Silhol de 2400 fr., et en débitons magasin; s'il y avait augmentation, nous la passerions par profits et pertes.

88. ——————————— *Du 15 mars.* ———————

J'ai échangé 100 livres de soie ouvrée contre 120 livres de
soie grège, dont le prix est, à 20 francs la livre, ci   F. 2400 »

Il y a troc d'une soie contre une autre : magasin donne et reçoit en même temps. Comme il faut constater la valeur des matières échangées, et qu'il doit y avoir parité entre elles, l'estimation du montant de l'une sera celle de l'autre, et, par conséquent, la matière débitrice figurera au débit pour une somme égale à celle dont nous créditerons magasin.

Si l'une et l'autre des soies échangées doivent passer en condition, ou une d'elles seulement, on doit attendre le résultat de la diminution, pour régler et passer écriture.

Pour l'homogénéité des quantités qu'indique la colonne du poids au grand-livre, on convertira en kilogrammes la partie qui doit figurer au crédit. Par les mêmes raisons, on convertirait en livres anciennes celle du débit, le cas échéant.

89. ——————————— *Du 16 mars.* ———————————

J'ai échangé 200 livres de soie ouvrée contre 200 livres de grège, avec
retour de 5 francs par livre.

Il y a ici échange d'un égal poids de matières contre retour de
5 francs par livre, en faveur de celui qui donne la soie la plus chère,
parce qu'elle a subi une augmentation de prix par l'ouvraison. Il en
serait de même si l'échange avait eu lieu entre deux soies grèges,
mais d'inégale qualité.

Pour passer cet article, nous avons besoin aussi de fixer un prix
à la soie qu'on nous donne, et de l'appliquer à celle que nous livrons.

Il est à remarquer que quel que fût ce prix, il ne modifierait en
rien notre inventaire, puisque nous établissons l'entrée et la sortie
au même taux.

Prenant cependant pour base le cours du jour, nous portons à
3900 francs le montant de la soie grège, dont nous débiterons et
créditerons magasin.

Quant aux 1000 francs reçus pour passe d'ouvraison, à 5 francs
par livre, nous en débiterons caisse au crédit de magasin.

90. ——————————— *Du 17 mars.* ———————————

J'ai autorisé Prevot à prendre, en mon nom, chez M. Vincent Dupré,
à Aubenas, un groupe d'envoi de F. Jamen, de Saint-Étienne, de
F. 3000, pour l'employer en soie pour mon compte.

Lorsque nous recevons une chose que nous livrons immédiatement
à un autre, c'est notre cessionnaire qui doit être débité à notre place.
Nous débiterons, en conséquence, Prevot du montant du groupe,
en faveur de F. Jamen.

Il paraîtra étrange de voir dans nos livres un article dont le
débiteur et le créditeur ne se doivent rien; mais nous observerons
que la transposition qui a lieu ici, pour rendre plus brève notre
comptabilité, ne préjuge rien contre la vérité des comptes des correspondans. Il est à remarquer d'ailleurs que cette fiction n'existe que
dans les formes de la partie double ; que l'annotation du journal
place les choses sous leur véritable jour, et que nous ne pourrions
imposer ce qu'il nous a plu de supposer dans nos livres.

Nous le répétons, parce que ces cas se présentent très-souvent
dans la comptabilité : lorsqu'une chose directement adressée sera
immédiatement transmise à autrui, nous débiterons ce dernier à
notre place. Par ce moyen nous évitons le double travail de nous

constituer d'abord le débiteur de l'expéditeur et le créancier de notre cessionnaire.

C'est ici le lieu de remarquer le génie de la partie double. Malgré la supposition, Jamen sera crédité et Prevot débité, chacun à son compte respectif, tel qu'il l'aurait été si nous avions fait deux articles, et que nous ne nous fussions pas, pour ainsi dire, esquivés entre eux deux.

91. ───────────── *Du 18 mars.* ─────────────

J'ai payé les sommes suivantes :

Pour droits successifs de mon père,	F. 400	»
Pour frais de partage,	125	»
Pour mes contributions foncières,	73	»
Au maréchal, pour fers de cheval,	27	»
Pour frais de condition,	7	50
Pour frais de voyage à Aubenas, sans affaire,	6	25
Total	F. 638	75

Caisse ayant déboursé 638 fr. 75 cent., elle doit en être créditée au débit des comptes auxquels cette somme a été destinée.

Les droits successifs et de partage étant en dehors de notre commerce, nous en débiterons capital.

Les contributions foncières étant une redevance de nos propriétés agraires, doivent être passées comme les frais d'exploitation. Si toutes ou partie étaient relatives à la fabrique, nous passerions sa part contributive comme le montant de sa ferme.

Les frais du cheval sont d'une nature mixte dans le cas où il fait alternativement le service du domaine et du commerce; la quotité des dépenses affectées à chacun de ses emplois doit être arbitrairement fixée par le commerçant, et être passée par produits agricoles ou profits et pertes, selon qu'il travaille pour l'un ou l'autre cas.

Nous supposons ici que le cheval dont il s'agit travaille au domaine, pour le montant de sa nourriture interne, et que tous les frais de route et d'entretien doivent être à la charge du commerce. Conséquemment, nous passerons ces frais par profits et pertes, ainsi que ceux de condition et de voyage, quoique ces derniers ne nous aient procuré qu'un résultat moral pour l'utilité du commerce, la course n'ayant été faite que pour explorer la place d'approvisionnement.

92. ───────────── *Du 19 mars.* ─────────────

Meynier m'a rendu 100 francs que je lui avais comptés de trop en espèces, lors du dernier achat que je lui ai fait.

Les erreurs de ce genre peuvent venir du calcul ou de l'argent que l'on donne : dans le premier cas, on force le montant de la marchandise : on doit créditer magasin du retour; dans le second, le préjudice n'est fait qu'à la caisse : elle seule doit en être créditée.

On ferait l'inverse si c'était nous qui eussions donné de moins, en passant l'erreur au débit de magasin ou de caisse, selon que nous aurions diminué le montant réel de la soie ou retenu de l'argent qui devait la payer.

Le débiteur doit être le compte que l'erreur avait favorisé; dans l'hypothèse dont il s'agit, c'est une erreur de calcul; nous avions débité notre magasin de 100 francs de trop : il doit être crédité; par le fait de l'erreur, caisse les reçoit : elle doit en être débitée.

93. —————————————— *Du 20 mars.* ——————————————

J'ai reçu, de Prevot, un ballot soie grège, pesant net 160 liv.,
à 19 fr. 75 cent. la livre, ci   3160   »

Comme au numéro 63.

94. —————————————— *Du 21 mars.* ——————————————

J'ai négocié, chez M. le Receveur général, ma traite, son
ordre, sur Vᵉ Guerin, à un mois de date, sous escompte
de 3/4 p. o/o, de   F. 3000 »

Nous créditerons Vᵉ Guerin du montant entier de notre disposition, et créditerons caisse de l'argent net que nous avons retiré,
ci   F. 2977   50
Profits et pertes des 3/4 d'escompte,   22   50
                               ——————
Total   F. 3000   »

95. —————————————— *Du 22 mars.* ——————————————

J'ai renvoyé, à Prevot, 50 livres de soie qui ne m'ont pas
convenu, sur celles de son dernier envoi, à 19 fr. 75 c.   F. 987   50

Tout ce qui sort, sans retour, du magasin, à quel titre que ce soit, doit être passé à son crédit. Nous retournons à Prevot une partie de la soie dont nous l'avions crédité : il doit en être débité.

96. —————————————— *Du 23 mars.* ——————————————

J'ai pris, de M. Manifacier, de Saint-Ambroix, 5 livres de
soie grège, à l'essai. Dans le cas où elle me conviendra,
il tient à ma disposition la partie entière et conforme, à 20 fr.
L'échantillon monte   F. 100 »

Notre magasin reçoit 5 livres de soie : il faut qu'il soit débité; c'est Manifacier qui les donne : il faut l'en créditer, y ayant eu marché consommé, quant à l'essai.

Si, au lieu de donner un ou plusieurs paquets d'essai, on donnait le ballot entier, sous la condition de retour, si la soie ne convenait pas, on ne passerait que la partie qu'on aurait mise à l'épreuve, et, en cas d'acceptation de la totalité, on écrirait comme si le marché s'était fait sans réserve.

97. ———————————— *Du 24 mars.* ————————

Martarèche m'a donné 300 francs contre ma traite d'autant,
   à son ordre, sur Ve Guerin, à un mois de date, ci   F. 300 »

Caisse doit être débitée, et Ve Guerin crédité.

98. ———————————— *Du 25 mars.* ————————

Poncet m'a prié de lui faire une traite sur Lyon, de F. 1200, à un mois
   de date; il me la remboursera d'ici à l'échéance. Ce que j'ai fait par
   ma disposition sur Ve Guerin.

Nous faisons une traite à Poncet, sans la contre-valeur : il doit en être débité; c'est Ve Guerin qui la paiera : il doit en être crédité.

99. ———————————— *Du 26 mars.* ————————

F. Jamen m'écrit que le fabricant qui a acheté mon ballot n° 5 ne veut
   pas le garder, si on ne lui rabat 200 francs, tant il l'a trouvé peu
   conforme à la montre. Ce à quoi je consens plutôt que de plaider.

La perte que l'on fait subir à notre marchandise réduit d'autant son montant écrit; en conséquence, il faudra débiter magasin, qui est censé avoir trop vendu, et créditer F. Jamen, qui rembourse cet excédant.

100. ———————————— *Du 27 mars.* ————————

M. Taupenas m'apprend que mon ballot n° 6 lui a été volé.
Nous l'avons estimé du poids net de 75 kilogrammes, à
   35 francs, compte de Lyon; il m'a compté,   F. 4513 40

Nous débiterons caisse au crédit de magasin, comme si nous en avions fait la vente au comptant.

101. ———————————— *Du 28 mars.* ————————

J'ai vendu mon cheval,   F. 300 »

Nous débiterons caisse, et créditerons capital de cette somme, qui en provenait.

102. ———————————— *Du 29 mars.* ————————————

J'ai expédié à Chaussine, d'Uzès :

120 livres de bourre de soie, à 3 francs la livre,	F. 360	»
25 livres de liens, à 1 franc la livre,	25	»
Total	F. 385	»

Magasin doit être crédité, et Chaussine débité.

103. ———————————— *Du 31 mars.* ————————————

J'ai compté en espèces :

Pour mes ouvriers,	F. 1500	»
Pour l'huile, fil de fer, savon, etc.,	200	»
Pour emballages, papier, ficelle et cordes,	30	»
Total	F. 1730	»

On remarquera que c'est pour éviter des répétitions que nous avons porté en bloc le coût de nos ouvriers, dont le paiement a dû avoir lieu à chacune de ses époques usuelles.

Nous créditerons caisse du total au débit d'ouvraisons, pour les deux premiers articles, et de profits et pertes, pour le dernier.

DE L'INVENTAIRE DU MOULINIER POUR SON COMPTE.

La manière de clôturer les écritures est toujours soumise aux règles que nous avons données pour arriver à la balance des comptes. Il faut :

1º Faire l'inventaire matériel de chaque individu réel ou fictif, passer par profits et pertes les frais ou les intérêts consommés ou dus, et capitaliser ces derniers au débit ou au crédit du compte qui les a produits, selon qu'ils sont à son préjudice ou en sa faveur.

2º Balancer le compte profits et pertes par celui de capital.

3º Écrire, à la colonne la moins forte de chaque compte, une somme complémentaire, pour le mettre en balance; encadrer entre deux traits les deux totaux égaux du débit et du crédit, et transcrire la somme compensatrice au compte nouveau, au côté contraire à celui où elle avait été placée au compte clôturé.

Pour bien faire le recensement des pertes et des bénéfices existant dans chaque compte, il faut bien se pénétrer de cette règle générale, que le compte profits et pertes est celui où doivent venir s'inscrire tous les frais, pertes et intérêts, à quel titre qu'ils soient; que si, dans le cours de la comptabilité, ces derniers sont disséminés chez les autres comptes, il faut, lors de l'inventaire, les reporter à leur compte spécial, dans la même colonne active ou passive dont on les déplace au compte recensé. Pour les capitaux producteurs d'intérêts dont la quotité n'est fixée qu'à des époques déterminées, on passe les totaux bénéficiaires au débit ou au crédit de profits et pertes, selon qu'ils sont à notre préjudice ou en notre faveur.

La préparation à la clôture des écritures doit toujours être précédée de la preuve du bien-être des transcriptions, par la formation des trois totaux égaux que doivent produire l'addition du journal et celles des deux colonnes du grand-livre.

Les mouliniers ont deux manières de faire leur inventaire : l'une a pour but de connaître le bénéfice et la perte des soies achetées d'une époque à une autre; l'autre celui d'établir, inclusivement, l'effet de cette période commerciale.

Si nous le faisons d'après le premier mode, nous clôturerons tous les comptes, comme dans l'usage ordinaire; seulement, au lieu de passer le solde de magasin par son compte nouveau, il faudra, comme le moulinier à façon, le porter à un compte intitulé : *Soies vieilles en liquidation;* et lors de la vente du dernier fil de soie en retiraison, balancer ce dernier compte par celui de capital.

Si, raisonnablement et malgré l'usage routinier, nous faisons l'inventaire d'un jour à un autre, nous passerons à nouveau toutes nos marchandises invendues, en les confondant avec nos nouveaux achats, dont elles feront partie, pour ne figurer qu'au réglement suivant.

La confusion des soies dans notre comptabilité ne doit pas dispenser le moulinier de les distinguer, en nature, par une retiraison soignée, afin de s'assurer si le poids porté à nouveau n'est pas fautif.

Le mode d'inventorier que nous conseillons a cela d'avantageux, qu'il fait cesser un provisoire dont la durée, subordonnée à la vente des ballots, n'a pas de terme fixe, et qu'il prévient ce chevauchement d'une période sur une autre, qu'il faut éviter.

104.——————————— *Du* 31 *mars.* ———————————

Voir le détail au journal.

Si, déjà, on n'a pas reçu le compte courant des correspondans, on l'extrait, soi-même, du grand-livre, sur une feuille tracée exprès, on en calcule réciproquement les intérêts, et on passe l'excédant par profits et pertes, au crédit de celui à qui ils sont dus.

S'il nous restait des provisions faisant partie du compte d'ouvraisons ou de ménage, nous suivrions ce qui va être fait pour le compte magasin.

Avant de solder le compte magasin, il faut estimer la valeur des soies qui y restent et celles qui sont à la commission ou ailleurs, passer par profits et pertes la différence du montant des achats avec celui des soies vendues ou invendues.

Dans l'exemple dont il s'agit, nous avons apprécié la valeur des soies, comme suit :

Il est entré en magasin, en soie grège,   L. 3265

Il en est sorti, ouvrée, bourre ou liens,
700 K. 48, soit   L. 1696

                              Reste   L. 1509

                    Le cours du jour est de   F.   20   »

                Valeur des soies restantes,   F. 30180   »

Nous avons ajouté pour 200 livres de soie en fabrique, dont l'ouvraison est à demi faite,   400   »

Nous avons porté à compte nouveau 1509 livres, estimées   F. 30580   »

Nous avons trouvé que nos soies vendues ou celles que nous avions s'élevaient à   F. 69640   20

Que la totalité des débours pour nos soies montait à   63900   »

Que, par conséquent, la différence de l'achat à la vente était de   F. 5740   20

dont nous avons débité magasin au crédit de profit et pertes.

On remarquera, dans le journal, que nous avons crédité capital du montant du loyer de fabrique et des intérêts de nos capitaux placés au commerce. Cela doit être ainsi, parce que nous ne pouvons pas confondre un revenu, qui est de notre position personnelle, avec des résultats purement commerciaux. S'il en était autrement, ce seraient les individus les plus riches qui auraient le plus d'habileté et de bonheur.

L'uniformité dans les poids n'existant pas partout, nous sommes obligés de mettre à la colonne d'achat le poids auquel nous achetons. D'un autre côté, nous vendons, il est vrai, à celui des places de consommations, mais nous avons les bulletins de condition, qui nous donnent le poids net en kilogrammes, que nous prendrons pour type, pour la facilité de la conversion.

En conséquence, nous écrirons toujours en kilogrammes le poids du crédit de magasin, et celui du débit en livres locales; et lorsque nous voudrons faire la balance de leurs deux quantités, nous les réduirons en espèces homogènes.

105.————————————— *Du* 31 *mars.* —————————————

J'ai soldé le compte de profits et pertes, par F. 2746 27, en ma faveur.

Comme au numéro 56.

106.————————————— *Dudit.* —————————————

J'ai passé à nouveau tous les comptes non soldés par eux-mêmes.

Comme au numéro 57.

DU MOULINIER NÉGOCIANT.

La comptabilité du moulinier négociant se forme des deux premières. Des cas plus complexes, par eux-mêmes, viennent seulement en compliquer les rouages, dont le moteur ou le principe est toujours le même.

Paul vient de s'associer avec Célestin, sous la raison commerciale de *Paul et Célestin.* Nous ne parlerons pas du contrat qui les lie : les actes de société sont en dehors de la comptabilité, et leur substance n'est relative qu'aux obligations mutuelles des contractans.

Si l'action commerciale augmente par là multiplicité des fonds et des bras qui y concourent, la Tenue des Livres augmente aussi, mais ne change pas, parce que chaque opération est une, quel que soit le nombre de mains qui l'ont consommée. Pour y avoir plusieurs agens, il n'y a pas plusieurs êtres commerciaux.

Une fois bien pénétrés de ce principe, nous arrivons à cette naturelle conséquence, que Paul, associé, n'est devenu qu'un être collectif qui consent, à titre de réciprocité, de joindre lui et ses capitaux avec ceux d'un tiers qui agira et partagera les chances de l'entreprise.

Nous écrirons comme si Paul et Célestin n'étaient qu'un seul individu. La comptabilité sera la même que la précédente. Il n'y aura d'ajouté que les comptes personnels de deux associés.

Si Paul eût eu, dans son début, l'associé de ce jour, et qu'ils eussent fait les mêmes opérations, rien n'aurait été changé dans la manière de les écrire, quoiqu'elles se fussent rapportées à deux individus au lieu d'un. En un mot, il n'y a de différent que la participation au solde du compte de capital. Quant aux comptes individuels que les associés ont, ils sont traités comme ceux des correspondans étrangers.

Qu'une opération soit faite par un seul associé ou tous à la fois, elle est toujours censée émaner de la *raison sociale;* nous donnerons suite à nos écritures, comme s'il n'y avait pas eu augmentation dans le personnel commercial.

Dans la Tenue des Livres, on n'a donc pas à s'occuper si le commerçant est seul ou associé : les règles en sont les mêmes; on parle seulement à la seconde personne au lieu de la première; ce sera : nous qui faisons, au lieu de : moi qui fais. Toutes les obligations relatives à la constitution de la société viendront se résumer dans la manipulation commerciale.

Le jour, cependant, où deux personnes se lient pour exploiter une entreprise, il y a deux manières d'envisager l'association : ou l'on s'associe au commerce d'un tiers (C'est ce cas que nous supposerons), ou l'on se met plusieurs pour faire marcher un commerce nouveau. Dans le premier cas, on continue la comptabilité comme les affaires préexistantes; dans le second, on débute comme Paul l'a déjà fait deux fois, en apportant une mise de fonds déterminé ou le bénéfice d'un inventaire dont le bailleur fera la liquidation.

La mise de fonds, qu'elle soit en nature ou en espèces, forme, comme nous l'avons déjà dit, la force impulsive du commerce; elle est l'enjeu de l'être moral que nous soutenons. Nous n'aurons pas plus à nous occuper de Paul et Célestin, dans leur position collective, qu'il n'a été question de Paul, dans son individualité.

Ce ne sera que lorsqu'ils viendront, isolément, prendre ou donner, chacun pour son utilité personnelle, qu'alors nous écrirons comme si Paul ou son associé Célestin prenait ou recevait de Paul et Célestin, que nous traiterons comme si leurs individus réunis prenaient ou recevaient de leurs individus séparés. Ainsi, si Célestin prend 100 fr.; nous le débiterons au profit de caisse, comme si c'eût été F. Jamen qui les eût reçus.

Les conditions d'une société sont écrites dans le contrat qui la constitue; la marche de la Tenue des Livres n'y est pas subordonnée; ce n'est qu'à la distribution des résultats commerciaux qu'il faut exécuter d'après les lois des parties et que chacun prend ou donne en raison de la fraction à laquelle il coparticipe.

L'apport de chacun n'est pas toujours de même nature. Quelquefois, l'un des associés apporte sa capacité industrielle, sa clientelle, toutes choses qu'il consent à mettre en commun, moyennant la dispense de mettre au capital la valeur estimée de tous ces avantages personnels; dans ce cas-là, l'entreprise est commune, sans que la mise de fonds soit d'égale espèce, la différence étant couverte par les facultés individuelles de l'un d'eux.

Nous savons que Paul, d'après son inventaire d'hier, a au commerce un capital de F. 25360 42. Il est vrai que cette somme est déjà engagée; mais, en cela, elle est ce qu'elle serait quelques jours plus tard. Or, donc, si vous voulez avoir l'exemple de deux personnes qui s'associent à un commerce nouveau, supposez cette somme vierge, que l'on convertit immédiatement en objets du négoce que l'on entreprend; vous verrez tous les soldes auxquels nous voulons donner suite, former la tête d'un registre et d'un compte, au lieu d'en être la continuation.

Quoi qu'il en soit, il y a, dès ce jour, fusion d'intérêts entre Paul et Célestin; ils ne doivent faire qu'un dans leur personne, ils ne feront qu'un dans leur comptabilité.

Célestin a, comme Paul, une fabrique à soie qu'il consacre à l'usage de la société; il apporte aussi une somme de 20000 francs, pour sa mise de fonds. Par les raisons précédemment données sur la qualité de l'immeuble, il ne sera question de l'usine de Célestin que sous le rapport de sa valeur productive.

Si le moulinier, seul ou associé, a plusieurs fabriques à soie, et qu'il veuille distinguer le travail de chacune, c'est dans le livre auxiliaire d'entrée et de sortie que cette distinction doit avoir lieu.

Nous supprimerons les trois comptes subdivisionnaires, *ouvraisons*, *ménage* et *produits agricoles*, parce que leur spécialité n'avait lieu que pour satisfaire une curiosité qui diminue, en raison de l'augmentation des affaires; ils seront remplacés par un seul, que nous nommerons *frais généraux*; celui-ci sera débité de tous les frais, de quelle nature qu'ils soient, et crédité de tout ce qui pourrait nous en revenir; il relèvera du compte profits et pertes, et en sera balancé.

Indépendamment de ces raisons, les comptes ménage et produits agricoles n'auraient pu être conservés, parce qu'ils se rapportaient tous deux à Paul ou à son immeuble exclusivement, et qu'ils ne pourraient exister sous la société, à moins que le ménage et le domaine ne fussent aussi communs.

107.———————————— *Du 1ᵉʳ avril.* ————————————

Notre sieur Célestin a fait sa mise de fonds, comme suit :

En espèces,	F. 6000	»
En la remise du billet de Joachim, à fin courant,	2000	»
En 600 livres soie grège, à 20 francs la livre, ci	12000	»
Total	F. 20000	»

Capital sera crédité au débit des comptes qui recevront la mise de fonds, chacun pour la part de l'espèce de valeur qui le concerne.

108.———————————— *Dudit.* ————————————

Pour égaliser la mise de fonds, nous retirons de capital F. 5360 42, que N/sieur Paul y a de plus, et qu'il consent à prêter à la société.

Nous ouvrirons un compte intitulé : *Notre sieur Paul*, que nous créditerons au débit de capital.

109.———————————— *Du 2 avril.* ————————————

Nous avons donné à Savonhuil, moulinier à Saint-Pierreville, à compte sur les ouvraisons qu'il doit nous faire,   F. 600 »

Quoique nous donnions des soies à ouvraisons, nous ne tiendrons, avec notre façonnier, d'autres écritures que celles qui seront relatives aux à comptes que nous lui ferons et au montant convenu du prix de la façon. Nous ne nous départirons jamais de ce principe, que notre magasin ne doit être crédité que lorsque les marchandises ont été vendues. Pour constater le poids livré et reçu, le façonnier devra être muni d'un carnet qu'il apportera chaque fois qu'il viendra chercher ou livrer de la soie ; on couche sur ce livret le poids reçu, et on fait signer, sur le livre d'entrée ou de sortie, le poids qu'on livre.

Les réglemens se font sur les bases des conventions. La comptabilité ne doit contenir que les dépens convenus. Nous débiterons Savonhuil au crédit de caisse.

110.———————————— *Du 3 avril.* ————————————

Nous avons escompté les remises suivantes :

Le billet d'Isaac, notre ordre, au 30 courant,	F. 3000	»
La traite de Guilhon aîné, sur Paga, de Saint-Étienne, au 10 mai prochain,	2000	»
La remise de Méalarès, sur Desgeorges père et fils, au 5 mai,	1200	»
	F. 6200	»
Sous escompte de 3/4 p. o/o, montant	46	50
Total de nos débours,	F. 6153	50

Nous recevons les émissions d'autrui. Quelle que soit leur nature, elles deviennent chez nous, indistinctement, papier de porte-feuille que l'on convertit en argent, selon ses besoins et sa volonté et au meilleur cours possible.

Notre porte-feuille se débite du montant nominal du papier escompté :

Au crédit de caisse, pour le montant net de nos
débours,   F. 6153 5o

Au crédit de profits et pertes, pour l'escompte
retenu,   46 5o

Total   F. 6200 »

III.——————————— *Du 4 avril.* ———————————

On nous a volé 25 livres de soie, à 20 francs, ci   F. 5oo »

Quelle que soit la cause de sortie définitive de notre magasin, le compte de ce dernier doit être crédité. Dans ce cas-ci, ce sont les voleurs qui ont enlevé de la soie : c'est une pure perte pour nous ; il faut donc en débiter profits et pertes, sauf à l'en créditer si les soies volées se retrouvaient.

On écrirait de même, si la soie avait été incendiée, chez nous ou à la commission.

112.——————————— *Du 5 avril.* ———————————

M. Ve Guerin a ouvert un crédit, chez nous, de F. 3ooo,
à M. Dejoux, avoué de cette ville, à compte duquel ce
dernier a pris, aujourd'hui, contre son reçu,   F. 1200 »

La lettre de crédit a le même effet que la lettre de change, quoique moins impérative dans ses termes. C'est une procuration que l'on donne à une personne, portant autorisation de prendre, chez un correspondant, de l'argent, jusqu'à concurrence d'une somme déterminée.

D'après les règles ordinaires, le mandataire, qui se renferme dans les limites de son mandat, ne peut être recherché ; nous ne devons voir que celui qu'il représente.

Ces sortes d'opérations doivent être toujours écrites comme si on les traitait directement avec le mandant. Nous débiterons donc Ve Guerin au crédit de caisse.

113.——————————— *Du 7 avril.* ———————————

Nous avons acheté un ballot de soie ouvrée, pesant net
242 livres 3 onces, à 25 fr. 25 cent. ; monte   F. 6112 85

Que la soie soit ouvrée ou grège, nous n'en devons pas moins débiter le compte de magasin, et passer l'article comme au numéro 59.

114. ————————— *Du 9 avril.* ——————————

Nous avons négocié les remises suivantes :

Le billet de Joachim, à fin courant,	F. 2000	»
Le billet d'Isaac, à fin courant,	3000	»
La traite Guilhon aîné, sur Saint-Étienne, 10 mai,	2000	»
La remise Méalarès, sur Lyon, 5 mai	1200	»
Ensemble	F. 8200	»
Sous escompte de 3/8 p. o/o,	F. 30	75
Reçu net, en espèces,	F. 8169	25

Il faut créditer porte-feuille du montant nominal des remises
négociées au débit de :

Caisse, pour ce que nous recevons en espèces,	F. 8169	25
Profits et pertes, pour ce que nous y avons perdu,	30	75
Total	F. 8200	»

115. ————————— *Du 11 avril.* ——————————

Nous avons acheté, avec M. Dupuy, d'Anduse, 6 quintaux
de soie grège, à 20 francs 50 cent. la livre, que nous devons
ouvrer et vendre à compte à demi, montent   F. 12300   »

Il arrive quelquefois que l'on achète de la soie avec une ou plusieurs personnes, pour la revendre, grège ou ouvrée, à compte à
demi, tiers, quart, etc., c'est-à-dire, que la marchandise comme les
chances qui peuvent en être la conséquence, sont à chacun dans la
proportion de la part convenue.

Dans ce cas-là, nous ouvrirons un compte, remplaçant celui de
magasin, pour les soies en participation : il sera intitulé *Soies à
compte à demi, tiers, quart, etc., avec un tel.* Ce compte sera débité de
notre cote-part des achats, des frais d'ouvraison et autres lui étant
relatifs que nous ferons en commun, et crédité de la part au produit
des ventes.

Deux colonnes, pour recevoir le poids des marchandises en commun, seront ouvertes au grand-livre, comme celles du compte de
magasin, pour constater l'entrée et la sortie des matières. Enfin, ce
compte sera en tout semblable à ce dernier, et sera soldé de la même
manière.

10

Nous supposons ici que Dupuy a payé la moitié de la soie achetée; nous débiterons le compte de soies à compte à demi avec Dupuy, de la totalité du poids et de la moitié seulement de ce qu'elle coûte.

116.———————— *Du 13 avril.* ————————

Nous avons donné, pour frais d'ouvraison, commission et voiture des soies à compte à demi avec Dupuy,   F. 1800 »

Lorsque l'un des participans fournit tout ou partie du numéraire que l'autre doit, on débite le compte de celui-ci du montant avancé pour lui, en ne faisant figurer que la moitié des débours au compte à demi.

Nous voyons qu'indépendamment du compte soies à demi, il faudra en ouvrir un particulier à chacun des coparticipans.

Nous créditerons donc caisse au préjudice du compte en participation, et de Dupuy, par égale part.

117.———————— *Du 15 avril.* ————————

A la fin de la retiraison de nos soies vieilles, il nous a manqué 17 livres de soie que nous avions portées de trop à compte nouveau; à 20 francs, montent   F. 340 »

Il serait bien rare que les soies de sortie fussent égales à celles d'entrée; cette différence peut exister en plus ou en moins, suivant le degré d'humidité de la matière et les soins de l'ouvraison; comme le reliquat dont il s'agit se rapporte à un inventaire antérieur, il doit être passé par les comptes de capital et de magasin.

Dans l'hypothèse, comme Célestin n'est pour rien aux bénéfices du dernier inventaire, il doit rester étranger à l'excédant ou au manque de poids résultant d'une gestion à laquelle il n'a pas participé. Le redressement devant se faire par une balance, entre capital et magasin, nous créditerons magasin de 340 francs, dont nous l'avions surchargé, et débiterons le compte particulier de notre sieur Paul, qui doit seul supporter le déficit.

Si le commerce antérieur eût été le même, dans son personnel, que celui de ce jour, nous aurions passé l'article par le compte du capital commun.

118.———————— *Du 16 avril.* ————————

Étant convenus avec M. Ponçet, que les ports des lettres qu'il nous envoie sont à sa charge, nous le débitons de   F. 3 40

Il est quelquefois convenu que les ports de lettres restent à la charge du correspondant : alors on en débite le compte de ce dernier.

119.———————————— *Du 19 avril.* ————————————

Prevot a fourni sur nous deux traites de 3000 francs chaque,
  O/Beaussier, que nous avons acceptées, valeur au 30 c^t, F. 6000 »

Par l'acceptation d'un effet de commerce, on constitue la provision et l'obligation de payer à l'échéance la lettre d'autrui : c'est
par conséquent un engagement qui nous est devenu personnel ;
ainsi, nous assimilons l'acte d'acceptation à l'émission d'un billet
de notre part : c'est donc un billet à payer, du montant de la traite
acceptée, dont Prevot nous doit le montant.

120.———————————— *Du 20 avril.* ————————————

M. Cotte nous rend un ballot, d'envoi de Prevot, pesant
  150 liv., à F. 20 25, sur lequel nous avons reconnu une
  avarie de 100 francs, ci   F. 3037 50

Une fois la marchandise expédiée, les risques du transport ne
regardent plus l'expéditeur : c'est à la diligence de celui qui doit la
recevoir, que les dommages doivent être réclamés.

N'ayant aucun recours contre l'expéditeur Prevot, nous devons
le créditer du montant entier de son envoi, au débit de ceux qui
le reçoivent.

Prevot sera donc crédité de 150 livres de soie, à 20 fr. 25 cent.,
ci   F. 3037 50

    Au débit de magasin, défalcation faite du montant
      de l'avarie,   F. 2937 50
    Au débit de caisse, du montant de l'indemnité reçue,   100   »

           Total de l'envoi,   F. 3037 50

121.———————————— *Du 23 avril.* ————————————

Prevot nous a priés de lui faire acquitter, à Lyon, sa traite
  sur Antoine Dumolard, au 25 courant : ce que nous avons
  fait par l'intermédiaire de M. Ve Guerin, qui l'a acquittée,
  ci   F. 2000 »

Ces sortes d'interventions officieuses doivent s'écrire au crédit
de celui qui les paie, au débit de celui pour qui l'on fait payer.

122.———————————— *Du 25 avril.* ————————————

Nous avons écrit à Prevot, que, s'il veut que nous gardions la soie
  qu'il nous a dernièrement envoyée, il faut qu'il nous rabatte 100 fr. ;
  ce à quoi il a consenti.

La soie que nous avait expédiée Prevot valait 100 francs de moins que la somme dont nous l'avions crédité au détriment de magasin : nous redressons l'erreur en créditant ce dernier par le débit de Prevot.

123.——————————— *Du 27 avril.* ———————————

Nous avons fourni, sur Poncet, de Baumont, une traite, O/Coretour, banquier, du montant de ce qu'il nous doit, réglé à ce jour, s'élevant à F. 1204 37, y compris 5 francs 97 d'intérêts; nous en avons fait la négociation à 1/4 de change.

Défalcation faite de 3 fr. 01 cent., d'escompte, notre caisse reçoit

F. 1201 36

dont il faut la débiter.

Par l'acquit de notre traite, Poncet paie :
1° ce qu'il nous doit, dont il faudra le créditer,   F. 1198 40
2° le restant des intérêts nous revenant, après escompte
payé, dont nous créditerons profits et pertes,   2 96

Total   F. 1201 36

124.——————————— *Du 29 avril.* ———————————

N/sieurs Paul et Célestin ont pris, ce jour, 300 francs chacun, pour leur utilité individuelle, ci   F. 600 »

Nous passons cet article comme si Paul et Célestin étaient deux correspondans étrangers, en créditant caisse de 600 francs, au débit de chacun pour 300 francs.

125.——————————— *Du 30 avril.* ———————————

N/sieur Célestin a vendu, à Saint-Étienne, les ballots suivans :
N° 10, pesant net, K. 85,   à 29 fr. 50 cent.; monte F. 5012 25
N° 11,   »   89 90, à 30 fr.;   »   5404 90
N° 13,   »   91 25, à 30 fr. 75 cent.;   »   5628 60

Totaux   K. 266 15   F. 16045 75

Le premier nous a été payé comptant,   F. 5012 25
Le second, en 2000 francs d'argent et deux remises sur
Paris, de F. 2000 — 1404 90,   5404 90
Le troisième, en un billet, à N/ordre, de Tivet, à 3 mois, 5628 60

Montant   F. 16045 75

Nous avons laissé chez F. Jamen une remise sur Paris de F.   2000   »
Plus, en espèces,   1000   »
N/sieur Célestin a dépensé, dans son voyage,   100   »
Nous avons mis en caisse,   5912   25
Nous avons mis en porte-feuille :
   Le billet de Tivet, à 3 mois,   5628   60
   Une remise sur Lafitte, de Paris, au 15 juin prochain,   1404   90

                       Total   F. 16045   75

Il faut créditer magasin, du montant total de la vente, au débit des preneurs.

126.————————— *Du 1ᵉʳ mai.* —————————

Nous avons acquitté les traites que nous avions acceptées, de
  Prevot, sur nous, ensemble, de   F. 6000   »

Par le fait de l'acceptation, les traites de Prevot sont devenues nos propres engagemens, dont nous avions crédité billets à payer. Nous devons débiter ce dernier compte au crédit de caisse, qui paie.

127.————————— *Du 2 mai.* —————————

Charousset, de Joyeuse, nous expédie 100 liv. de soie grège,
  à 20 francs, et nous avise, pour se payer, de sa disposition
  sur nous, à un mois de date, de   F. 2000   »

Nous recevons 100 livres de soie grège, magasin doit être débité. Le paiement ne s'effectuera que dans un mois, par une traite sur nous. Jusqu'alors nous resterons les débiteurs simples de Charousset, que nous créditerons, pour le débiter, le jour de l'acquit de sa disposition.

128.————————— *Du 4 mai.* —————————

ACHATS DU 3 COURANT, A AUBENAS.

			600 liv. de soie, à 20 fr., F. 12000 »	
Le groupe de F. Jamen, F. 6000 »				
N|traite, O|Lapierre, sur			Passe de sac au groupe	
Vᵉ Guerin, au 31 courᵗ,			de F. Jamen,	» 90
au pair,	2500 »		Escompte à la traite	
N|traite, O|Tournayre, sur			O|Tournayre,	17 50
F. Jamen, à 1 mois de dᶜ,	2517 50			
En espèces,	500 »			
En N|billet à réquisition,	500 90			
	F. 12018 40		600 livres.	F. 12018 40

Nous débiterons magasin du chiffre net de l'achat, et profits et pertes des frais de passe et d'escompte.

Nous créditerons le compte de ceux qui en ont fourni le montant.

Il y a lieu ici d'appliquer la règle des transpositions cessionnaires. Le preneur immédiat des valeurs de paiement est notre magasin. Il ne devra donc être nullement question des preneurs intermédiaires du groupe et des traites. Nous supposons que notre agent-magasin a reçu lui-même, de Jamen, et fait la négociation de nos traites à son profit.

On remarquera que nous avons fait un billet à réquisition, pour solde de nos achats; nous le passerons comme billet-monnaie pour une somme qu'on nous aurait momentanément prêtée, ou par billets à payer, si le remboursement doit être éloigné.

Nous supposerons ici que c'est un prêt de plaisir qu'on nous a fait, et nous en passerons le montant au crédit de caisse, quoique nous en retardions le débours.

129. ————————— *Du 6 mai.* —————————

Messieurs Brosset et Jamme, de Lyon, nous annoncent la
vente de nos soies à compte à demi avec Dupuy ; elles ont
pesé net 227 kilog. 18, à 36 francs, valeur au 31 cour[t], F. 14058 »

Brosset et Jamen doivent être débités au crédit de soies à compte à demi, et en même temps à celui de Dupuy, chacun pour la moitié.

130. ————————— *Du 8 mai.* —————————

Nous avons réglé, ce jour, le compte d'ouvraison des soies à compte
à demi avec Dupuy, comme suit :

Nous avons vendu net 550 livres de soie ouvrée, à 5 francs de façon,	F. 2750	»
Il nous manque 50 livres de soie, dont 12 liv. pour passe de condition des grèges, et 38 liv. qu'on doit nous payer à 20 francs la livre, ci	760	»
Montant net de l'ouvraison,	F. 1990	»
Le façonnier a reçu	1800	»
Nous lui comptons, en espèces, le restant dû,	F. 190	»

Ces frais doivent être passés comme ceux de l'article numéro 116.

131. ———————————— *Du 10 mai.* ————————————

Nous avons réglé, avec Dupuy, notre compte à demi, comme suit :

Nous avons déboursé, pour achat et ouvraison,	F. 14290	»
Le produit de la vente se porte à	14058	»
Nous y avons perdu,	F. 232	»

Sur cette perte, la moitié seulement nous est personnelle. Nous débiterons profits et pertes de 116 francs au crédit de soies à compte à demi.

132. ———————————— *Du 12 mai.* ————————————

Nous avons envoyé, chez Brosset et Jamme, notre traite de F. 3000, pour la leur faire accepter. Ils nous la retournent revêtue de cette formalité.

Si nous regardons les effets de commerce comme exempts de non-paiement, l'acceptation ne fait que confirmer cette manière de l'envisager; rien n'est donc changé dans le mode d'en passer écriture.

La traite dont il s'agit étant un papier que nous nous sommes créé, et lequel rentre au porte-feuille, qui est momentanément le cessionnaire que nous lui désignons, nous en débitons ce premier au crédit du tiré.

133. ———————————— *Du 14 mai.* ————————————

Nous avons écrit à Prevot, de nous acheter de la soie, et, n'ayant pas d'argent, nous lui envoyons, pour en opérer la négociation pour notre compte :

N⟨t⟩raite, son ordre, sur Chaussine, d'Uzès, à vue, de	F.	385	»
Idem	sur Peruqfin, de Chomerac, à vue,	82	»
Idem	sur Brosset et Jamme, au 31 cour⟨t⟩;	3000	»
	Total	F. 3467	»

Nous débitons Prevot du montant nominal de ces traites, sauf à le créditer plus tard du montant de l'escompte. Les créditeurs seront les tirés.

134. ———————————— *Du 15 mai.* ————————————

Sur la demande qu'il nous en a faite, nous avons réglé le compte de M. Vᵉ Guerin, valeur à ce jour, par F. 6253 63, en sa faveur, y compris 4 fr. 10 cent. d'intérêts.

Il arrive quelquefois que l'on est obligé de régler isolément quelques-uns des comptes des correspondans, avant l'inventaire général.

Dans ces cas-là, rien n'est changé aux règles de la balance des comptes; seulement, pour que nos trois totaux vérificateurs arrivent égaux jusqu'à la clôture générale, nous n'encadrerons pas les totaux balancés, afin de pouvoir les ajouter aux opérations subséquentes. Néanmoins, lorsque nous voudrons régler de nouveau le compte qui l'aura été avant l'époque commune, nous ne reprendrons que le dernier solde, et, pour marquer que les chiffres précédens ont été neutralisés, nous mettrons la lettre R vis-à-vis les totaux *balanceurs* de ce réglement partiel.

135.────────────── *Du 16 mai.* ──────────

Prevot nous écrit qu'il a réussi à négocier nos traites, avec
  perte de   F. 22 50

Il faut créditer Prevot au débit de profits et pertes.

136.────────────── *Du 18 mai.* ──────────

Nous avons donné à notre Teneur de Livres, à compte sur ses
  appointemens et passe de caisse que nous lui accordons, F. 200 »

On ouvre un compte au Teneur de Livres; on le débite des sommes qu'on lui donne, jusqu'à concurrence de ce qu'on lui doit, et, au réglement général, on le balance par profits et pertes.

137.────────────── *Du 20 mai.* ──────────

Pierre, après suspension de paiement, a traité avec ses créanciers, à 50 p. o|o comptant; ce à quoi nous avons consenti;
  et avons reçu   F. 502 50

Lorsqu'il y a perte forcée ou convenue, nous débitons profits et pertes de son montant, au crédit de celui qui nous la fait subir, et la partie réduite reste en compte, si elle ne rentre pas immédiatement.

Dans l'hypothèse, ayant reçu le solde convenu, nous créditons Pierre de la totalité de ce qu'il nous doit, au débit de profits et pertes, pour ce que nous perdons, et de caisse, pour la somme que nous retirons.

138.────────────── *Du 22 mai.* ──────────

Nous avons reçu, de Brosset et Jamme :
  Une remise sur Valentin, d'Anduse, au 31 courant, de F. 600 »
  d⁰   Joachim, d'Anduse, au 25 courant,   700 »
  d⁰   Chrisocal, de Privas, au 4 juin,   350 »
  d⁰   Freydier, de Privas, au 5 juin,   375 »
                                                         ─────────
                                   Total   F. 2025 »

Par notre lettre de ce jour, nous avons envoyé à Dupuy, d'Anduse, les deux premières remises, s'élevant à F. 1300.

Nous créditerons Brosset et Jamme du montant entier de leurs remises, au débit :

De Dupuy, pour ce que nous lui adressons immédiatement, sans en débiter porte-feuille ;

De porte-feuille, pour les deux remises que nous y plaçons.

139. ──────────── *Du 24 mai.* ────────────

Nous avons expédié à Brosset et Jamme :

400 livres de soie grège, à 20 francs ; montent, ci	F. 8000	»
Notre commission, de 5 sous par livre,	100	»
Total	F. 8100	»

Nous expédions de la soie à la commission : nous devons créditer magasin de son montant, et profits et pertes de la prime provisionnelle.

Les commissions en soie grège se donnent en compte ou se règlent à fur et à mesure qu'on les livre.

Dans le premier cas, il faut ouvrir un compte à celui pour lequel on achète ; le débiter du montant des soies qu'on lui expédie, et de celui de la commission ; le créditer de toutes les valeurs qu'il donne en paiement.

Dans le second cas, les écritures doivent être passées comme si on achetait directement du commissionnaire, au prix d'achat, plus celui de la provision.

140. ──────────── *Du 26 mai.* ────────────

Sur un besoin chez nous qu'avaient mis Brosset et Jamme, nous sommes intervenus, pour l'honneur de leur signature,

à leur remise protestée de	F. 300	»
Plus, le montant du protèt	21	75
Total	F. 321	75

Lorsqu'on met en circulation une traite ou une remise payable sur une place où l'on a un banquier, il est d'usage de mettre sur la lettre de change l'adresse de ce dernier, pour qu'à défaut de paiement il fasse les fonds et nous la retourne directement, après avoir préalablement fait remplir les formalités judiciaires, si leur dispense n'est motivée dans le *besoin indicatif.*

Ici c'est Brosset et Jamme qui ont mis un besoin chez nous ; nous avons acquitté le montant de la traite et du protèt, avec F. 321 75, dont nous les débitons en leur envoyant le titre.

141.————————————— *Du 30 mai.* ——————————

Le cours qu'ont choisi MM. Laondès et Manifacier étant 20 fr. 25
nous leur devons, en sus de l'estimation éventuelle, 25 cen
par livre, ce qui fait :

Pour Mad. Laondès, une augmentation de   F.   100 01
Pour M. Manifacier,   25

                         Total   F.   125

Nous avons soldé leurs comptes par nos traites :
Sur Brosset et Jamme, O/Laondès, à 3 jours de vue,   F. 810
Sur Brosset et Jamme, O/Manifacier, à 5 jours de vue,   112

                         Total   F. 922

Nos prévisions ayant été trompées sur le cours des soies, nous
débiterons profits et pertes des 125 francs que nous sommes o
de payer en sus; nous créditerons Brosset et Jamme du monta
nos deux traites.

142.————————————— *Du 31 mai.* ——————————

Brosset et Jamme nous ont envoyé une traite sur M. Penel, de
ville, de F. 5000, que nous avons encaissée, et avec 2000 f
de laquelle nous avons acquitté la traite Charousset, sur nous.

C'est dans ces sortes d'opérations que l'on peut abréger beaucoup
le travail de la comptabilité. Si nous suivions les degrés théoriques
de la partie double nous commencerions par débiter porte-fe
ensuite le créditer par caisse, et enfin créditer cette dernier
Charousset. Pour éviter tous ces détours, nous supposerons
ce sont Brosset et Jamme qui mettent 3000 francs dans notre
et qui paient 2000 francs à Charousset.

On remarquera que cela ne change rien à l'effet de l'inscri
et que chacun, au grand-livre, sera débité et crédité en son li

143.————————————— *Dudit.* ——————————

M. Ve Guerin, par un redressement au dernier compte que nou
avons envoyé, nous signale une erreur de 10 francs d'intérêts
préjudice. Vérification faite, nous l'en créditons au débit de p
et pertes.

144.————————————— *Du 1er juin.* ——————————

Nous avons négocié les effets suivans :
Billet de Tivet, au 30 juin prochain,   F.   5628
Remise sur Paris, au 15 juin,   1404
N/traite, en porte-feuille, échue,   3000

                    Total   F. 10033

Sous escompte total de 62 fr. 25 centimes.

...ser l'article comme au numéro 115.

<hr>
Du 2 juin.
<hr>

... avons acheté 8000 livres de cocons, à 1 fr. 50 cent. la
cuvre, ci   F. 12000 »

... nous faisons filer, nous ouvrirons un compte intitulé *Filature
... elle année;* il sera débité et crédité de tout ce qui lui sera relatif,
... ldé, à la fin, par le débit de magasin, qui recevra les soies filées.
... connaître le montant de chaque livre de soie, on divisera le
... du compte de filature par le poids qu'on en aura retiré.
... neen sera de même si nous faisons filer à la commission.
... Il faut, comme au compte de magasin, pratiquer au grand-
...une colonne supplémentaire, pour y écrire le poids des cocons.

<hr>
Du 3 juin.
<hr>

...vot, de Chadeyron, nous a acheté 6000 livres de cocons,
... 1 fr. 50 cent. la livre, commission comprise, ci   F. 9000 »

... nous créditons Prevot, comme s'il nous avait expédié pour autant
...soie.

<hr>
Du 4 juin.
<hr>

...cosset et Jamme doivent, pour frais d'encaissement,   F.   6   50

... provisions d'encaissement sont assimilées aux escomptes et
... ies comme eux.

<hr>
Du 5 juin.
<hr>

...cosset et Jamme nous ont envoyé une traite sur Dupuy, d'Anduse,
... de F. 5000; ce dernier nous a compté F. 251 15, et s'est retenu
... 4748 85 que nous lui devions, y compris F. 14 85 d'intérêts.

... nous recevons une traite dont caisse et Dupuy touchent le mon-
... ils doivent être débités au profit de notre cédant.
... est cependant à remarquer que les 14 fr. 85 cent. doivent être
... és au débit de profits et pertes, pour éviter de le faire plus
... et balancer le compte de Dupuy; car, si nous n'écrivions pas
... l'article, le débit excèderait son crédit du montant auquel s'élè-
... les intérêts lui revenant.

<hr>
Du 6 juin.
<hr>

... faisons construire une maison, pour laquelle nous payons, ce jour :
... Achat de l'emplacement,   F. 1200 »
... compte donné à l'Entrepreneur,   600 »

                  Total   F. 1800 »

D'après ce que nous avons dit sur l'immeuble, nous passerons cette somme au débit de capital, ainsi que toutes celles que nous débourserons pour constructions.

En effet, si nous constatons le produit de l'immeuble par le crédit de capital, nous devons débiter ce dernier compte du montant des capitaux que nous voulons immobiliser.

150.——————————— *Du 6 juin.* ————————

Nous avons encaissé notre remise sur Freydier, de F.	375 »
Notre remise sur Chrisocal n'ayant pas été protestée à temps utile est restée pour notre compte, avec 21 francs de frais de protêt,	371 »
Total	746 »

Nous créditerons porte-feuille et caisse du montant des remises et de nos débours pour frais, au débit :

De caisse, pour le montant de la remise encaissée;

De Chrisocal, pour le montant de celle restée pour compte.

Lorsqu'une remise reste pour compte, nous n'avons d'autre recours que contre le débiteur. Nous en débitons le compte de ce dernier, ainsi que des poursuites litigieuses qui peuvent en être la conséquence. On le créditera du montant partiel ou entier de la rentrée, s'il y a lieu.

151.——————————— *Du 7 juin.* ————————

Nous avons reçu les cocons suivans :			
De N/sieur Paul, 1000 liv., de sa récolte, à 1 fr. 50 cent.	F.		1500 »
De N/sieur Célestin, 800 liv.,	d°	dᵃ	1200 »
		Total F.	2700 »

Nous passerons cet article au débit de filature et au crédit des bailleurs, sans avoir égard à leur qualité d'associé.

152.——————————— *Du 8 juin.* ————————

Nous avons consenti à M. Colomb, des Vans, une obligation de 10000 francs, avec hypothèque sur nos immeubles, à 5 p. o/o,	F. 10000 »

L'emprunt sur hypothèque n'a d'autre effet que de mobiliser l'immeuble affecté, jusqu'à concurrence de la somme empruntée; notre capital vient se grossir au détriment de la propriété frappée d'inscription, ou que notre avoir soit en argent figurant dans notre commerce ou en propriétés, cela ne fait rien aux tiers; il n'y a changement que dans la nature de l'avoir.

Nous créditerons donc capital du montant de l'obligation; nous le débiterons du remboursement et des intérêts à servir.

153. ———————————— *Du 9 juin.* ————————————

Chassevoisin nous a emprunté et consenti une obligation de F. 6000 »
à 5 p. o/o l'an.

Un fonds prêté sur hypothèque est un argent que nous retirons du commerce, pour l'immobiliser et le rendre en quelque sorte semblable à la propriété qui le garantit, et dès-lors il doit être passé au débit de capital, en même temps qu'il cesse d'en faire partie.

La disparition de cette somme ne peut échapper à l'investigation des tiers, par rapport à l'article de retour et l'acte authentique qui le mentionne. Les intérêts exigibles seront aussi passés par le compte de capital.

154. ———————————— *Du 10 juin.* ————————————

Nous avons payé les frais suivans :

A M. Crouzet, notaire, pour frais de l'obligation à Colomb, F. 86 »
A M. Roux, d'Aubenas, pour frais de poursuites contre
    Chrisocal,   72 »
A M. Aymard, avoué, pour notre procès contre Chicano,   250 «

                        Total   F. 408 »

Les frais doivent être passés par les comptes auxquels ils sont relatifs.

1° Ceux d'actes notariés rester inhérents à la cause qui leur a donné lieu.

2° Ceux pour créances litigieuses être portés au compte du poursuivi.

3° Les frais d'un procès pour faits en dehors du commerce doivent être passés par capital. Néanmoins, pour ce dernier cas, on a, pendant toute la durée du procès, un compte ouvert intitulé *Procès avec un tel,* ou *Procès sur telle chose;* on le débite de tous nos débours, et crédite de tout ce qui peut nous en revenir. Après la contestation vidée, on le solde par capital.

En conséquence, nous créditerons caisse par capital, Chrisocal et procès avec Chicano.

155. ———————————— *Du 11 juin.* ————————————

Ayant oublié d'aviser notre traite, O/Manifacier, de F. 1125, elle est revenue protestée, avec compte de retour, s'élevant à F. 1201, que nous avons remboursés.

Une traite peut revenir : par un protêt, faute de paiement; par son retrait entre les mains du porteur, avant son échéance; par son abrogation, si elle revenait dans notre porte-feuille, par l'effet de l'endossement; enfin, si, papier à notre ordre, elle ne devait pas être négociée.

Dans l'un et l'autre cas, nous débiterons le tiré de la somme dont il avait été crédité, sur la foi qu'il en ferait les fonds; et créditerons le compte de celui par qui le retrait sera fait.

Nous débiterons profits et pertes des frais de retour et d'escompte.

156.————————— *Du 12 juin.* —————————

Nous avons acheté, de M. Croisier, sa filature de 120 livres,
 à 19 fr. 50 cent., payable en notre billet fin juillet proch.,
 de   F. 2340 »

Il faut débiter magasin au crédit de billets à payer.

157.————————— *Du 13 juin.* —————————

Nous avons reçu, ce jour, la vente des ballots suivans :
 De F. Jamen, 2 ballots, à 30 francs, pesant net 160 kilog.,
  valeur au 15 août,   F. 9661 20
 De Ve Guerin, 2 ballots, à 36 francs, pesant net 158 kilog.,
  valeur au 10 juillet,   9763 92
 De Brosset et Jamme, 1 ball., à 35 fr. 75 c., pes^t net 72 k.,
  valeur au 12 juillet,   4416 12

         Total   F. 23841 24

Il faut débiter les commissionnaires au crédit de magasin.

158.————————— *Du 14 juin.* —————————

Nous avons reçu de Brosset et Jamme :
 Une remise sur M. Duitteneyrod, de Privas, échue, que
  nous avons encaissée, de   F. 3000 »
 Une remise sur M. Portaunez, de Privas, échue (au protêt),   2000 »
  De F. Jamen :
 Un groupe, valeur du 10 courant, de   8000 »

  Total, moins 1 fr. 20 cent. de passe de sac, au groupe, F. 13000 »

Le montant de la première remise entrant recouvrée sans qu'elle aille en porte-feuille, nous en débitons caisse.

Le montant de la seconde ne s'étant pas réalisé à sa présentation, nous en débitons porte-feuille.

Enfin, caisse sera débitée du montant net du groupe de Jamen; profits et pertes, de la passe des sacs; et les expéditeurs crédités du tout.

159.————————— *Du 15 juin.* —————————

La remise sur Portaunez ayant été protestée, nous faisons
   retraite, à vue, sur notre cédant, ordre Lextrait, qui nous
   en a compté le montant, s'élevant, avec frais, à   F. 2153 »

La loi a voulu qu'une remise impayée fût une valeur active entre les mains du porteur. A cet effet, elle a permis d'en réclamer le remboursement, frais compris, au tireur, à l'un ou à tous les endosseurs, à son choix.

Ce recouvrement se fait par une nouvelle lettre de change, que l'on appelle *retraite*, tirée sur le solidaire choisi et annexé au premier titre.

Les frais de négociations étant compris dans le montant de la retraite, nous débitons caisse de la somme que la remise exprimait, et non des déboursés, si elle n'en a pas été créditée. Porte-feuille sera débité.

160.————————— *Du 16 juin.* —————————

Croisier nous a priés de lui avancer F. 1000 sur le billet que nous lui
   avons fait, sous escompte de 3/4 p. o/o, s'élevant à F. 7 50.

Si, lorsqu'on fait un à compte sur un billet, on l'abroge, pour en faire un nouveau du restant dû, on débite billets à payer de son entier; on crédite caisse de la somme avancée, et billets à payer, de l'engagement reliquataire.

Mais si, comme dans ce cas-ci, nous donnons 1000 francs contre le reçu de Croisier, sans dénaturer le premier titre, nous nous contenterons de débiter billets à payer de la partie amortie.

Le retrait du billet n'aura pas eu lieu, même en partie, mais le compte aura diminué de la somme payée.

161.————————— *Du 17 juin.* —————————

Silhol a réglé avec nous le marché éventuel de son ballot, dont le prix
   reste le même, n'ayant reconnu aucune variation.
Nous lui avons donné en paiement notre traite, son ordre,
   sur V° Guerin, à vue, de   F. 2400 »

Débiter Silhol au crédit de V° Guerin.

162.———————————— *Du 18 juin.* ————————

Nous avons réglé, avec Savonhuil, le compte des ouvraisons qu'il nous
a faites :

Nous lui avons donné, en soie grège,	L.	800
Elles ont perdu en condition 1 1/2 p. o/o,		12
Reste payable, nous ayant compensé le déchet,	L.	788

788 livres, à 4 fr. 5o cent. la livre, montent	F.	3551 »
Il a reçu		6oo »
Nous lui avons compté le restant dû	F.	2951 »

Nous avons dit que les frais d'ouvraison seraient passés par le
compte de frais généraux. Nous le débiterons donc de F. 3551,
au crédit de Savonhuil et de caisse.

163.———————————— *Du 19 juin.* ————————

Nous avons réglé avec notre Teneur de Livres, Scribe, le montant
de ses appointemens dus jusqu'au 3o courant, sur le pied de 1200
francs par an.

Nous lui devons	F.	3oo »
Il a reçu		200 »
Reste dû, que nous lui avons compté,	F.	100 »

Les frais de comptoir devant être passés par profits et pertes,
nous débitons ce compte par le solde de celui de Scribe, et caisse
pour nos débours de ce jour.

164.———————————— *Du 20 juin.* ————————

Nous avons gagné notre procès contre Chicano. On nous a
remboursé nos frais liquidés, se portant à   F.   200 »

Lorsqu'un procès est terminé, soit à l'amiable ou juridiquement,
et soit que nous l'ayons gagné ou perdu, le compte doit être soldé
par capital ou par frais généraux, selon qu'il est en dehors ou qu'il
fait partie du commerce.

Par un seul article, nous débiterons le compte du procès de F. 200,
et le solderons en débitant capital de 5o francs, pour faux frais
qui ne nous ont pas été remboursés.

165.———————————— *Du 21 juin.* ————————

Regardant la rentrée de ce que nous doit Chrisocal comme très-douteuse,
nous passons cette somme au compte de *mauvais débiteurs*.

Lorsqu'on a des débiteurs dont la solvabilité est très-incertaine, on efface de l'actif de notre position ces sortes de créances, en passant leur solde par profits et pertes au crédit du débiteur, comme si elles étaient tout-à-fait perdues, et on ouvre au grand-livre un compte (pour mémoire) intitulé *Mauvais débiteurs*, qu'on débite des soldes des comptes ainsi annulés.

On portera, par simple note, à ce dernier compte, les noms des débiteurs qui se trouveraient dans cette catégorie; on le créditera des sommes que nous pourrons toucher, par la suite, après avoir préalablement crédité profits et pertes ou capital d'autant, selon que sa rentrée se fera avant ou après un inventaire général, c'est-à-dire que si, dans le cours d'une période commerciale, nous recevons de l'argent que nous avions passé par profits et pertes, nous devons créditer ce dernier compte; si, au contraire, l'argent dont nous avions fait le sacrifice avait grevé et se rapportait à un des réglemens précédens, ce que nous en recevrions n'appartenant plus aux chances du jour, nous en passerions le produit par le compte de capital, comme fait en dehors du commerce pendant.

166.————————— *Du 23 juin.* —————————

Nous avons déboursé les sommes suivantes :

Pour la pension viagère que nous servons à M. Richard, F.	300	»
le compte menu du machiniste,	150	»
une roue à la fabrique de N/sieur Célestin,	700	»
la ferme de notre filature,	300	»
le montant du mois de nos fileuses,	1400	»
les frais d'ouvriers de nos deux fabriques,	1500	»
achat de charbon, pour la filature,	650	»
achat d'huile, savon, fil de fer, boutons de verre,	245	»
solde du compte du serrurier,	125	»
Total	F. 5370	»

Les neuf objets que nous avons payés se rapportent à plusieurs catégories ; c'est à les bien distinguer que consiste le talent du Teneur de Livres.

Voici ce qui détermine leur classe :

1° Les pensions viagères ou perpétuelles à payer ou à recevoir résultent toujours d'un acte authentique portant prêt d'une somme à la charge d'en payer la rente.

Ces sortes de redevances, qui affectent ou enrichissent notre

12

position, existent en dehors de notre commerce et font partie inhérente au contrat qui les constitue. Nous devons donc passer leur montant par le compte de capital.

2° Quoique nous soyons propriétaires ou fermiers de l'usine que nous faisons marcher, nous nous débitons du montant de sa valeur productive. Dès-lors les grosses dépenses doivent être portées au compte du propriétaire, représenté ici par son compte de capital.

Suivant l'usage, toute réparation au-dessus de trois francs est à la charge du propriétaire. Nous prendrons aussi cette limite, pour ne porter à nos frais d'ouvraison que ceux qui seront au-dessous de cette somme. D'ailleurs, la durée d'une roue peut aller au-delà du commerce lui-même; on ne saurait donc raisonnablement faire supporter son montant à une période de temps qui ne l'use qu'en partie.

D'après ce raisonnement, nous débiterons le compte personnel de Célestin, comme nous aurions débité le fonds commun, si la fabrique eût été commune.

4° Toutes dépenses faites par la filature doivent être portées au débit de ce compte, telles que sa ferme, salaires des fileuses, achats de combustible, etc.

Notre caisse sera créditée au débit des comptes auxquels les objets se rattachent.

167.———————— *Du 27 juin.* ————————

Nous avons reçu de la Compagnie de l'Union, pour dommages
    d'incendie à notre maison en construction,   F. 6000 »

La destruction de tout ou partie de l'immeuble diminue sa valeur en raison du mal qu'il a subi. Les sinistres sont passés par capital ou profits et pertes, selon que l'assurance qui doit les relever a eu lieu pour l'immeuble ou la marchandise. C'est ici un fait en dehors du commerce; la cause qui le rétablit doit l'être aussi.

Capital sera crédité de cette somme, pour en être débité à fur et à mesure de frais de reconstruction.

168.———————— *Du 28 juin.* ————————

Nous avons expédié à Veyrenc, d'Annonay :
    120 liv. de bourre ou liens, à 5 francs la livre, en race, F.   600 »
    120 liv. de douppions, à 8 francs la livre,   960 »
    100 liv. de frisons, à 50 centimes la livre,   50 »
                               Total . . F. 1610 »

Pour ne pas ouvrir un compte à Veyrenc, nous mobilisons de suite cette somme, en faisant une traite d'autant, à notre ordre, à trois mois de date.

C'est ainsi que l'on fait dans des opérations isolées avec les individus dont le compte n'est pas susceptible d'un mouvement continu. On met cette *traite-remise* dans le porte-feuille, que l'on débite à la place de l'acheteur, pour en être sortie en temps utile, par la rentrée directe ou la négociation.

On remarquera, dans cet article, que la bourre et les liens doivent être portés au crédit de magasin, et les douppions et frisons à celui de filature.

169. ——————————— *Du 29 juin.* ———————————

Nous [trouvant de l'argent chômant en caisse, nous avons expédié à
   F. Jamen un groupe de F. 8000, moins la passe des sacs, F. 1 20.

Jamen sera débité du montant du groupe, au crédit de caisse et de profits et pertes.

170. ——————————— *Du 30 juin.* ———————————

Nous avons déboursé à notre filature,	F. 26050	»
Nous avons vendu les débris,	1010	»
Dépense nette,	F. 25040	»

En divisant ce total par 1264 livres de soie filée, on trouve qu'elle revient à F. 19, 81 la livre.

Nous débitons magasin du poids de la soie et du solde du compte de filature.

Nota. Nous avons supposé que notre filature a été terminée dans le courant du mois de juin, tandis que ce travail dure ordinairement de nonante à cent jours.

A l'époque de ce réglement, il faudra porter au crédit du compte de filature le poids de la totalité des achats, pour le balancer.

171. ——————————— *Dudit.* ———————————

Chrisocal nous a donné, sur ce qu'il nous doit, un à compte de F. 27 »

Ayant passé par profits et pertes cette créance, nous créditons ce compte de ce que nous en retirons.

172. ——————————— *Dudit.* ———————————

Voir le détail au journal.

Suivre ce qui a été dit au numéro 104.

173. ——————————————————— *Du* 30 *juin.* ————————————————

Le compte de profits et pertes est débiteur : c'est la preuve que nous avons perdu.

La quotité du solde est celle de la perte.

174. ——————————————————— *Dudit.* ————————————————

Passer tous les soldes à nouveau.

Comme au numéro 106.

DISSOLUTION DE SOCIÉTÉ; — COMPTE DE LIQUIDATION.

Lors de la dissolution d'une société, la liquidation est faite par tous les associés ou par un ou plusieurs d'entre eux.

Elle est faite à risques, périls et frais communs, ou bien elle est aux périls, risques et frais du liquidateur, selon les accords faits entre les co-associés.

Si la liquidation est faite en commun, on continue les écritures comme durant la société, jusqu'à extinction de compte.

Si les sociétaires nomment un liquidateur, pour agir en cette qualité à risque commun ou individuel, celui-ci s'ouvre un compte intitulé : *Notre sieur un tel; compte de liquidation.* Il le débite de toutes les sommes qu'il reçoit, et le crédite de tous les paiemens et dépenses qu'il fait. Enfin, ce compte ne reçoit d'autres mouvemens que ceux qui lui sont donnés par l'amortissement des soldes actifs ou passifs passés à nouveau, lors de l'inventaire de dissolution.

Le liquidateur est le procureur fondé de la société, pour agir en son nom et opérer l'extinction du commerce commun. Sous ce rapport, rien n'est changé dans la comptabilité; on ne fait que mettre en une main la gestion de plusieurs individus, et donner suite à la tenue des livres existante.

Si la liquidation se fait à périls et risques, le liquidateur se créditera au débit de profits et pertes de la remise qu'on lui aura faite pour s'en être chargé à cette condition.

Si la liquidation est à frais communs, toutes les dépenses qu'elle occasionnera seront passées comme l'étaient les frais pendant l'existence de la société.

Le compte du liquidateur sera le giron où devront venir se marquer la situation, le progrès et le terme de l'ancien commerce; et, pour en communiquer les effets à chacun des co-intéressés, on fera son compte courant comme celui d'un correspondant.

Nous supposons ici que, par consentement amiable, les sieurs Paul et Célestin cessent de continuer la société qu'ils avaient formée, et que Paul reste seul chargé de la liquidation, que nous opèrerons comme suit.

175.————————— *Du 1er juillet.* —————————

Nous remettons à N/sieur Paul, liquidateur, le numéraire
    qui était en caisse, à l'inventaire clos hier,   F. 4047   86

Le liquidateur reçoit : il doit être débité au crédit de caisse de la société, dont on retire le numéraire.

176.————————— *Du 2 juillet.* —————————

Le liquidateur négocie notre traite sur Veyrenc, de F. 1610, à 1/2 p. o/o
    de change.

Porte-feuille doit être crédité aux débits de caisse et de profits et pertes.

177.————————— *Du 3 juillet.* —————————

Prevot a envoyé, pour solde de son compte,   F.   334   »

Débiter le liquidateur au crédit de Prevot.

178.————————— *Du 5 juillet.* —————————

Sur notre invitation, Jean a fourni sur nous une traite de F. 510   »
    pour solde de son compte, y compris 7 fr. 50 cent. d'intérêts.

Le liquidateur paie : il faut le créditer du montant de ses débours ; c'est pour solder un compte et les intérêts dus, il faut débiter le compte payé et profits et pertes,

179.————————— *Du 7 juillet.* —————————

Le liquidateur paie, par ordre de MM. Brosset et Jamme,
    de Lyon, et pour solde de ce que nous leur devons, à
    M. F. Dubois, de cette ville,   F. 4242   23

Débiter Brosset et Jamme au crédit de N/sieur Paul, liquidateur.

180.————————— *Du 9 juillet.* —————————

Nous fournissons, ordre Regard, les traites suivantes :
Sur Ve Guerin, au 31 courant,	F. 1000	»
Sur F. Jamen, do	1500	»
	2500	»
Sous escompte de 1/2 p. o/o,	12	50
Reçu net en espèces,	F. 2487	50

Débiter le liquidateur du montant net qu'il reçoit, et profits et pertes de l'escompte, au crédit des tirés.

181.——————————— *Du 11 juillet.* ———————————

Nous soldons les comptes suivans :

De N/sieur Paul, par notre traite sur Vᵉ Guerin, à fin cᵗ, F. 6848   22
De N/sieur Célestin, en espèces,   701   80

Total, y compris les intérêts courus
en leur faveur, F. 34   »   —   1 20, F. 7550   02

Il faut créditer Paul, liquidateur, des espèces avancées, au débit de Célestin, pour le solde de son compte, et de profits et pertes, pour les intérêts compris.

Créditer aussi Vᵉ Guerin du montant de la traite sur lui, au débit de N/sieur Paul, pour son solde, et de profits et pertes, pour ses intérêts.

182.——————————— *Du 13 juillet.* ———————————

Nous avons reçu les comptes de vente suivans :

De F. Jamen, 3 ballots pesant net 250 kilog., à 31 francs,
valeur au 15 septembre,   F. 15669 57
De Vᵉ Guerin, 3 ballots pesant net 260 kilog., à 36 francs,
valeur au 15 août,   16454 20

Total   F. 32123 77

Créditer magasin au débit des commissionnaires.

183.——————————— *Du 15 juillet.* ———————————

Nous avons donné les lettres suivantes :

A N/sieur Célestin, applicable sur son compte de fonds,
N/traite, son ordre, sur Vᵉ Guerin, au 31 courᵗ, de   F. 10000 »
A N/sieur Paul, une lettre de crédit chez F. Jamen, de   10000 »

Total   F. 20000 »

Nous avons dit que le compte de capital représentait l'enjeu du commerce auquel il communiquait son action impulsive. Le retrait de la mise de fonds s'opère par le débit de ce compte.

Nous débiterons donc les preneurs Paul et Célestin, en l'être fictif qui les représentait, au crédit des bailleurs.

184.——————————— *Du 17 juillet.* ———————————

Nous avons reçu de F. Jamen un groupe de F. 5000, moins
75 centimes de passe, ci   F, 5000 »

Débiter le liquidateur et profits et pertes au crédit de l'expéditeur.

185.————————— *Du 19 juillet.* ————————————

Chrisocal nous fait passer 100 francs, à compte de ce qu'il nous doit.

La somme que nous donne aujourd'hui ce mauvais débiteur se rapporte au dernier inventaire, et ne saurait être comptée pour un bénéfice des opérations ultérieures. Ce retour, qui se fait contre nos prévisions, doit venir grossir et faire partie inséparable de l'inventaire qui en avait été réduit.

Nous débiterons donc Paul, liquidateur, qui reçoit, au crédit du compte de capital.

186.————————— *Du 20 juillet.* ————————————

Le liquidateur a été vendre lui-même, à Saint-Étienne,
6 ballots restans, qui ont pesé net 416 kilogrammes; à
32 francs la livre, montent   F. 26738 50

A déduire :

Escompte de 1 p. o/o, pour avoir son argent
   comptant,   F. 267 38 ⎫
   Ses dépenses de voyage,   100 » ⎬ 367 38

             Reçu net   F. 26371 12

Créditer magasin du montant de la vente, au débit du liquidateur, pour l'argent encaissé, et profits et pertes, pour les frais d'escompte et de voyage.

187.————————— *Du 21 juillet.* ————————————

Le liquidateur achète de la société, à ses périls et risques,
notre créance de F. 316, sur Chrisocal, moyennant la
somme de   F. 150 »

Passer l'article comme au numéro 185, et créditer le compte de mauvais débiteurs par le chiffre que nous perdons avec Chrisocal.

188.————————— *Du 22 juillet.* ————————————

Nous avons vendu à M. Chaussine, d'Uzès :
   180 livres de bourre de soie, à 2 fr. 50 cent. la livre,   F. 450 »
   24 livres de liens, à 75 centimes la livre,   18 »

Il nous a payé en son billet, notre ordre, au 10 août, de   F. 468 »
   que nous avons immédiatement envoyé à M. Vᵉ Guerin, à notre crédit.

Magasin doit être crédité, et Vᵉ Guerin débité.

189.─────────────── *Du 23 juillet.* ───────────────

Le liquidateur a payé :

   Pour frais d'ouvraison des soies en liquidation,   F. 4500 »

   Pour 25 livres d'huile d'olive qui lui ont manqué,   20 »

                                  Total   4520 »

Le compte de frais généraux ayant été clôturé, nous porterons cette somme au compte de profits et pertes, dont il relevait, par le crédit du liquidateur.

190.─────────────── *Du 24 juillet.* ───────────────

Le liquidateur a acheté 100 livres d'huile épurée, appartenant
   à la société, à 60 centimes la livre,   F. 60 »

Débiter le liquidateur par le crédit de profits et pertes, où s'est venu réunir le compte de frais généraux, qui en avait été débité.

191.─────────────── *Du 25 juillet.* ───────────────

Nous avons trouvé un excédant de poids de 24 liv.; à 28 fr., F. 480 »

Nous avons déjà dit qu'une erreur faite au préjudice d'un inventaire précédent devait se relever par sa mise au crédit de capital, parce qu'elle était étrangère au réglement postérieur. En conséquence, nous créditerons capital de F. 480 au débit de magasin, qui en avait été crédité indûment, lors de l'estimation approximative des soies.

192.─────────────── *Dudit.* ───────────────

Faisant l'inventaire de notre magasin, nous trouvons que,
   toutes soies vendues, la différence de la vente à l'achat
   est de   F. 10170 27

Nous passons cette somme au crédit de profits et pertes, au débit de magasin, qui doit être dès-lors soldé dans ses chiffres comme il l'est dans son matériel.

193.─────────────── *Du 26 juillet.* ───────────────

La société accorde au liquidateur, pour frais et passe de
   liquidation,   F. 200 »

L'indemnité accordée au liquidateur est une perte pour la société. Il faut en débiter profits et pertes en faveur du liquidateur.

194.─────────────── *Du 27 juillet.* ───────────────

N/sieurs Paul et Célestin ont retiré, ce jour, le solde de leur
   fonds commercial, ci   F. 24528 27

Comme au numéro 183.

195.————————————— *Du 28 juillet.* —————————

MM. Ve Guerin et F. Jamen nous ont envoyé leurs comptes courans, réglés au 31 de ce mois, et les ont fait suivre d'une traite chacun, des sommes suivantes, intérêts leur revenant défalqués :

F. Jamen, sa traite sur Paris,	F. 714	94
Ve Guerin d°	88	71
	803	65
Ils se sont retenu leurs intérêts, s'élevant à	F. 165	36
Montant du solde de leurs capitaux,	F. 969	01

Nous avons fait de suite la négociation de ces deux traites, sur lesquelles nous avons perdu :

Pour escompte, 1/2 p. o/o,	F. 3	97
Courtage, 1/8 p. o/o,		91
Perte totale,	F. 4	88

Il faudra faire un compte de divers à divers qui aura :

Pour débiteurs, le liquidateur de l'argent qu'il touche de la négociation, et profits et pertes, pour les intérêts dus, l'escompte et le courtage;

Pour créditeurs, Ve Guerin et F. Jamen, pour le montant de leurs traites et des intérêts qui leur sont dus.

196.————————————— *Du 31 juillet.* —————————

Le liquidateur a acquitté, ce jour, le restant de notre billet à Croisier, par   F. 1340 »

Débiter billets à payer au crédit de Paul, liquidateur.

197.————————————— *Dudit.* —————————

Suivant le compte courant qu'a produit le liquidateur Paul, nous débitons ce dernier de F. 57 88, pour intérêts en notre faveur, à 6 p. o/o l'an.

Le liquidateur qui, en cette qualité, retire les créances de la société, en doit l'intérêt aussi long-temps qu'il en est détenteur. Pour connaître la quotité du produit de ces capitaux, on dresse le compte courant de la liquidation comme celui d'un correspondant étranger. Le liquidateur pourrait d'ailleurs se trouver en avance. Il faut, de toute nécessité, comparer le débit et le crédit de son compte, pour en connaître la véritable situation sous le rapport des capitaux et des intérêts.

Nous débiterons donc Paul, liquidateur, de 57 fr. 88 cent. au crédit de profits et pertes.

198.———————————— *Du 31 juillet.* ————————

Le liquidateur distribue aux anciens associés le solde de la
     liquidation, s'élevant à   F. 4966   58

Lors de l'inventaire du 30 juin dernier, le capital écrit représentait l'excédant de l'actif sur le passif. Si, après avoir soldé tous les comptes et avoir pris notre mise de fonds, il nous reste encore une distribution d'argent à faire, il y a eu gain, pendant la liquidation, sur les marchandises inventoriées.

La quotité de ce gain est marquée par l'excédant nouveau de l'avoir du compte recenseur profits et pertes sur son débit, ainsi qu'on le reconnaît dans le cours ordinaire du commerce.

Une fois l'acquit de tous les comptes effectué et tout notre avoir réalisé, c'est au débit du compte du liquidateur que nous devons trouver un excédant égal à celui de profits et pertes. En retirant ce gain et balançant ces deux comptes l'un par l'autre, nous annulons de fait les dernières traces de la société.

S'il y avait eu perte durant la liquidation, soit sur les marchandises ou par l'insolvabilité des créances, l'inverse aurait eu lieu; nous aurions débité profits et pertes au crédit du compte du liquidateur, du montant de la perte qui aurait été retenue, par ce dernier, sur le fonds social.

DES CONTRE-PARTIES OU MOYENS DE REDRESSER LES ERREURS.

Lorsqu'on fait une erreur dans les écritures, il faut la redresser sans rature, surtout si elle existe dans le journal général. Pour y parvenir on débite le compte à rectifier du montant dont il a été crédité mal à propos, *et vice versá* si le contraire a lieu. C'est ce qu'on appelle une contre-partie, ou article inverse de celui qu'il annule par la balance qu'il établit avec l'erreur que l'on veut faire disparaître.

Des Contre-parties sur le Journal.

Les contre-parties, sur le journal, sont nécessaires dans les cas suivans :

1° Si l'on écrit un article qui ne doive pas exister;

2° Si l'on a débité un compte pour un autre;

3° Si l'on a crédité un compte pour un autre;

4° Si l'on a transporté le débiteur et le créancier, c'est-à-dire, si l'on a débité le créancier et crédité le débiteur;

5° Si, enfin, l'on a bien passé l'article, quant à la forme de la portie double, mais avec erreur dans la quotité de la somme.

Exemple dans le premier cas.

Nous avons écrit : MAGASIN DOIT A PREVOT; et le marché ne s'est pas effectué.

Pour annuler l'effet de cet article, nous écrirons :

PREVOT DOIT

A MAGASIN,

Pour contre-passer l'article, le marché n'ayant pas eu lieu.

Exemple dans le deuxième cas.

Nous avons écrit : JEAN DOIT A CAISSE, tandis que c'est à Pierre que nous avons fait un paiement.

Pour remettre les choses à leur place, nous écrirons :

PIERRE DOIT

A JEAN,

Pour contre-passer un article de même somme portée par erreur au débit de ce dernier.

Exemple dans le troisième cas.

Nous avons écrit : MAGASIN DOIT A SILHOL, tandis que c'est Manifacier qui nous a vendu.

Pour rétablir les choses, nous dirons :

SILHOL DOIT

A MANIFACIER,

Pour contre-passer, au compte de Silhol, l'article de même somme dont il avait été indûment crédité.

Exemple dans le quatrième cas.

Nous avons écrit : PORTE-FEUILLE DOIT A CAISSE, pour la négociation de notre remise sur Paris.

Il est cependant bien évident que caisse, qui a reçu le montant de la remise, aurait dû être débitée, et porte-feuille, qui l'avait fourni, crédité. Un article de contre-partie ne ferait qu'annuler l'opération, sans la rétablir, en opérant une simple compensation.

La manière de rectifier cette erreur est subordonnée à deux circonstances :

1° Si le rapport de l'article n'a pas été fait encore au grand-livre, l'erreur n'altérant pas son fonds, mais seulement les formes de la partie double, on peut, par un signe arbitraire, par exemple, la première lettre alphabétique du débiteur réel placée à côté du créditeur indu, désigner qu'il y a eu transposition dans leur qualité, et rapporter l'article en conséquence.

2° Si le rapport en a été fait au grand-livre, on peut en faire le redressement par deux articles : le premier sera une contre-partie, et aura pour effet d'annuler l'inscription fautive; le second sera l'article tel qu'il aurait dû être.

Ainsi, nous écrirons :

> CAISSE DOIT
>> A PORTE-FEUILLE,
> Pour contre-passer une somme dont porte-feuille avait été indûment débité.

Ensuite :

> CAISSE DOIT
>> A PORTE-FEUILLE,
> Pour le produit net de notre remise sur Paris.

Néanmoins, pour abréger les écritures, on peut faire un seul article, en doublant la somme à rectifier. Une fois la somme aura pour effet de compenser, et l'autre de redresser l'erreur.

Nous écrirons :

> CAISSE DOIT, la somme double,
>> A PORTE-FEUILLE ;
> La moitié, pour contre-passer l'article;
> La moitié, pour redresser l'erreur.

Exemple dans le cinquième cas.

Si l'erreur est en plus ou en moins, nous la redresserons comme dans les hypothèses précédentes, mais seulement pour ce qu'elle diffère de la somme réelle. Nous avons débité et crédité F. Jamen et caisse de 3000 francs, tandis que nous ne lui avons donné que 2000 francs.

Pour rectifier, nous écrirons :

> CAISSE DOIT F. 1000
>> A F. JAMEN,
> Pour autant, dont ce dernier avait été débité mal à propos.

Des Contre-parties au Grand-Livre.

Si les erreurs n'existent qu'au grand-livre, on les y rectifie sans écritures au journal. Elles ont lieu dans les cas suivans :

1° Lorsqu'on a rapporté au débit d'un compte ce qui devait l'être au débit d'un autre;

2° Lorsqu'on a rapporté au crédit d'un compte ce qui devait l'être au crédit d'un autre;

3° Lorsqu'on a rapporté au crédit d'un compte ce qui devait l'être à son débit;

4° Lorsqu'on a rapporté au débit d'un compte ce qui devait l'être à son crédit;

5° Lorsqu'on a rapporté deux fois le même article, ou au débit ou au crédit d'un compte;

6° S'il n'y a pas identité dans les sommes rapportées, avec celles du journal.

Dans le premier cas, on crédite le compte débité mal à propos, par le débit de celui qui devait l'être.

Dans le deuxième, on débite le compte crédité au crédit de celui qui devait l'être.

Dans le troisième, on porte au débit du compte la somme portée à son crédit, et le rapport fautif est nul de fait; ensuite on rapporte la somme telle et à la place qu'elle aurait dû être primitivement.

Dans le quatrième, on crédite le compte de la somme dont il a été débité; cette opération annule le rapport fautif. Ensuite on crédite le compte ainsi qu'il aurait dû l'être en premier lieu.

Dans le cinquième, on annule la ligne indue, en la portant une fois au côté opposé du compte.

Enfin, *dans le sixième*, on redressera l'erreur comme dans les précédens, jusqu'à concurrence de la quotité de la somme portée en plus ou en moins.

Mais on remarquera que ces écritures passées au grand-livre sans l'être au journal, détruiront l'équilibre des chiffres, et que nous ne pourrons plus trouver nos trois totaux égaux, par l'absence de leur nombre au registre avec lequel on doit les comparer.

Pour prévenir l'effet de ces surcharges dans nos colonnes, nous annulerons les nombres contre-passés, par une lettre alphabétique indicative des sommes qui forment double emploi et qui ne doivent pas être comprises dans l'addition des sommes partielles de l'actif

et du passif d'un compte; car les contre-parties ont pour effet d'annuler les unes et de faire revivre les autres. Les sommes anéanties, quoique écrites sur le grand-livre, ne devront point faire partie d'un total qui doit leur être étranger. Conséquemment si, ayant porté mal à propos 1000 francs au débit d'un compte, et que, pour l'annuler, nous écrivions cette somme à son crédit, nous mettrons à gauche la lettre A, pour indiquer qu'elle ne fait plus partie des colonnes où on l'a placée par mégarde.

On peut, cependant, pour porter un prompt remède aux erreurs du grand-livre, se servir du grattoir, faire disparaître par ce moyen la fausse transcription, et éviter par là toutes les opérations indiquées ci-dessus.

Le Teneur de Livres choisira celui des deux modes qui lui conviendra le mieux, lui observant que le dernier peut être exécuté sans inconvénient, le grand-livre n'étant pas le registre authentique de la comptabilité légale.

MANIÈRE DE FAIRE SUIVRE LA COMPTABILITÉ
DES ANCIENS AUX NOUVEAUX LIVRES.

Le journal et le grand-livre sont marqués, le premier par un chiffre et le second par une lettre alphabétique, de manière qu'en raison de l'importance et de la durée de la comptabilité, on a son journal n° 1, 2, 3, etc., comme on a son grand-livre a, b, c, etc.

Lorsqu'un journal est fini, on fait suivre le total au nouveau, en indiquant qu'il a été porté au journal n° 2, f° 1.

Lorsqu'un grand-livre est fini, on porte tous les totaux des comptes sur le nouveau, comme si on les reportait à un autre folio. On met vis-à-vis de chaque total reporté : *Transporté au grand-livre* b, *folio* ...

Enfin, on fait suivre les écritures, d'un livre à un autre, comme lorsqu'une page est pleine et qu'on en entame une autre pour continuer.

JOURNAL GÉNÉRAL.

$\mathcal{P}.$ | $\mathcal{N}°$ 1.

1834.

Journal Général

DE PAUL,

COMMENCÉ, A PRIVAS, LE Ier JUILLET 1834.

	Nº 1. *Du 1er juillet* 1834.		
1	DIVERS DOIVENT F. 55o A CAPITAL. Ma mise de fonds :		
4	Caisse, F. 3oo. Valeur en espèces, F. 3oo »		
7	Porte-feuille : Le billet de Pierre, au 20 courant, 25o »	55o	»
	Idem. *Dudit.*		

12	DIVERS DOIVENT A PERUQFIN F. 265,
	    Pour ce que je devais à ce dernier, ou qu'il
	      m'a cédé.		

1	Capital, F. 45, Que je lui ai dû, compte réglé av. lui, F. 45 »		

10	Ouvraisons, F. 220;
	    P^r 1 ql. d'huile, à 70 c. la liv. F. 70 }
	    P^r 200 qx. de bois, à 75 c. le 0/0, 15o } 220 »
		265	»

	2. *Dudit.*		
2	MAGASIN DOIT Kil. 5oo		
12	A PERUQFIN, La soie qu'il m'a livrée, pour la lui ouvrer, à 4 fr. le kilogramme, simple façon, Kil. 5oo		
	3. *Du 5 juillet.*		
10	OUVRAISONS DOIVENT F. 23 8o		
4	A CAISSE. Achat de :		
	3oo boutons de verre, à 1 fr. le 0/0, F. 3 » 4 liv. de fil de fer, à 70 cent. la livre, 2 8o 3o liv. de savon, à 60 cent. la livre, 18 »	23	8o
	A transporter, F.	838	8o

		Transport, F.	838	80

4. *Du* 10 *juillet.*

10
12
  OUVRAISONS DOIVENT F. 190
    A DAUTHEVILLE, de Privas.
  50 livres d'huile d'olive, pour la fabrique,
    à 80 cent. la livre,   F. 40
  Une tonne huile épurée, pesant 100 kilog.,
    à 150 fr. le 0/0,   150   **190**   »

5. *Du* 15 *juillet.*

10
4
  OUVRAISONS DOIVENT F. 45
    A CAISSE.
  Solde du mois courant, d'Étienne, mon torsier,   **45**   »

6. *Du* 20 *juillet.*

4
7
  CAISSE DOIT F. 250
    A PORTE-FEUILLE.
  Encaissement du billet de Pierre,   **250**   »

7. *Du* 25 *juillet.*

4
12
  CAISSE DOIT F. 500
    A PERUQFIN.
  Valeur reçue en compte,   **500**   »

8. *Du* 31 *juillet.*

10
4
  OUVRAISONS DOIVENT F. 425
    A CAISSE.
  Solde des ouvriers, fin à ce jour,   **425**   »

9. *Du* 5 *août.*

11
6
  MÉNAGE DOIT F. 223
    A BILLETS A PAYER.
  Mon billet au 30 septembre prochain, que j'ai fait
    à M. Chervend, d'Avignon, contre :
    1 baril d'anchois, à   F. 6
    50 kilog. de sel, à 50 cent. le kilog.,   25
    1 pain de sucre pes^t 11 liv., à 1 fr. la liv.,   12   **223**   »
    2 balles de farine, à 65 fr. la balle,   130
    1 tonneau de vin,   50

10. *Du* 10 *août.*

6
4
  BILLETS A PAYER DOIVENT F. 223
    A CAISSE.
  Retrait de mon billet à Chervend, contre espèces,   **223**   »

11. *Du* 15 *août.*

7
12
  PORTE-FEUILLE DOIT F. 200
    A PERUQFIN.
  Le billet de ce dernier, mon ordre, à vue,   **200**   »

		A transporter, F.	2894	80

Fol. 3.

		Transport, F.	2894	80
	12. *Du* 16 *août.*			
4	CAISSE DOIT F. 200			
7	A PORTE-FEUILLE.			
	Négociation, au pair, du billet Peruqfin,		200	»
	13. *Du* 20 *août.*			
8	PROFITS ET PERTES DOIVENT F. 10			
4	A CAISSE.			
	Ports de lettres et factage,		10	»
	14. *Du* 25 *août.*			
4	CAISSE DOIT F. 20			
8	A PROFITS ET PERTES.			
	Étrenne que m'a donnée M. Peruqfin,		20	»
	15. *Du* 31 *août.*			
12	PERUQFIN DOIT F. —			
2	A MAGASIN,			
	Livraison d'un ballot ouvré pesant 100 kilogram,		»	»
	16. *Du* 5 *septembre.*			
11	MENUS PLAISIRS DOIVENT F. 10			
4	A CAISSE.			
	Pour mes folles dépenses,		10	»
	17. *Du* 10 *septembre.*			
12	DAUTHEVILLE DOIT F. 75			
10	A OUVRAISONS.			
	Pour 50 kilog. d'huile épurée, que je lui ai rendus,		75	»
	18. *Du* 15 *septembre.*			
10	OUVRAISONS DOIVENT F. 20			
4	A CAISSE.			
	Achat de légumes pour la soupe des ouvriers,		20	»
	19. *Du* 20 *septembre.*			
11	MÉNAGE DOIT F. 14			
10	A OUVRAISONS			
	20 liv. d'huile, pour ma cuisine, que j'ai prises			
	sur celle de la fabrique,		14	»
	20. *Du* 25 *septembre.*			
12	OUVRAISONS DOIVENT F. 55			
4	A CAISSE.			
	Acquit du compte du serrurier, F. 25			
	Celui du marchand de fer, 30		55	»
	A transporter, F.	3298	80

Fol. 4.

			Transport, F.	3298	80

10 4	**21.** *Du* 30 *septembre.*
	OUVRAISONS DOIVENT F. 22 5o
	    A CAISSE.
	Achat de 4 aunes de drap, F. 2o »
	    » de 1o liv. de bourrette, p^r les moulins, 2 5o
				22	5o

4 12	**22.** *Dudit.* CAISSE DOIT F. 5oo A PERUQFIN. Reçu à compte,			5oo	»
10 4	**23.** *Dudit.* OUVRAISONS DOIVENT F. 832 75 A CAISSE. Solde des ouvriers, fin à ce jour,			832	75
12 2	**24.** *Dudit.* PERUQFIN DOIT Kil. 3oo A MAGASIN. 3oo kilog. de soie ouvrée, que j'ai livrés,			»	»

13 2	**25.** *Dudit.*
	SOIES DE PERUQFIN, A SIMPLE FAÇON, EN
	    LIQUIDATION DOIVENT Kil. 1oo,
	    A MAGASIN.
	Solde du compte des soies à simple façon, en liqui-
	    dation, Kil. 1oo.
				»	»

2 12	**26.** *Du* 1er *octobre.*
	MAGASIN DOIT Kil. 5oo
	    A PERUQFIN, SON COMPTE A GRANDE FAÇON.
	Soies grèges à grande façon, à 12 fr. le kilog., et
	    5o fr. le déchet, Kil. 5oo.
				»	»

10 6	**27.** *Du* 5 *octobre.*
	OUVRAISONS DOIVENT F. 5o
	    A BILLETS A PAYER.
	Achat de 5o liv. d'huile, à 1 fr., contre mon billet
	    au 31 décembre prochain, à Baron,
				5o	»

6 6	**28.** *Du* 1o *octobre.*
	BILLETS A PAYER DOIVENT F. 5o
	    A EUX - MÊMES.
	Échange de mon billet contre un autre, O/Baron,
	    de même somme et date,
				5o	»

			A transporter, F.	4754	o5

Fol. 5.

		Transport, F.	4754	o5

29.   *Du* 16 *octobre.*

| 4 | CAISSE DOIT F. 10 | | | |
| 10 | A OUVRAISONS. | | | |

Remise de 10 liv. d'huile, à Pierre,   **10**   »

3o.   *Du* 26 *octobre.*

| 12 | PERUQFIN, s/compte a simple façon, DOIT K. 1o5 | | | |
| 13 | A SOIES DE PERUQFIN, a simple façon, en liquidation. | | | |

Livraison d'ouvrées,   Kil. 6o
Bourre et liens,   45

             { Total   Kil. 1o5   »   »

31.   *Du* 3o *octobre.*

| 13 | SOIES DE PERUQFIN, a simple façon, en liquidation, DOIVENT Kil. 5 | | | |
| 12 | A PERUQFIN, son compte a simple façon. | | | |

Pour balancer l'excédant du poids livré,   »   »

32.   *Du* 31 *octobre.*

| 12 | DAUTHEVILLE DOIT F. 115 | | | |
| 12 | A PERUQFIN, son compte a grande façon. | | | |

Ma traite, ordre Dautheville, à vue, pour solde,   **115**   »

33.   *Dudit.*

| 4 | CAISSE DOIT F. 5oo | | | |
| 12 | A PERUQFIN, son compte a grande façon. | | | |

Valeur reçue en compte,   5oo   »

34.   *Dudit.*

| 10 | OUVRAISONS DOIVENT F. 42o | | | |
| 4 | A CAISSE. | | | |

Solde du compte des ouvriers, fin à ce jour,   42o   »

35.   *Du* 5 *novembre.*

| 10 | DIVERS DOIVENT A OUVRAISONS F. 184o. | | | |

     Soldé du compte à simple façon, de Peruqfin.

| 12 | PERUQFIN, s/compte a simple façon, F. 1465. | | | |

     Solde du compte à simple façon,   F. 1465

| 12 | PERUQFIN, s/compte a grande façon. | | 184o | » |

     Valeur en compte,   375

36.   *Du* 10 *novembre.*

| 4 | CAISSE DOIT F. 3oo | | | |
| 1 | A CAPITAL. | | | |

Cadeau de mon père,   3oo   »

		A transporter, F.	7939	o5

	Transport, F.	7939	o5
	37. *Du* 15 *novembre.*		
11 4	MÉNAGE DOIT F. 24 A CAISSE. Acquit du compte du cordonnier,	24	»
	38. *Du* 19 *novembre.*		
1 4	CAPITAL DOIT F. 225 A CAISSE. Montant d'une montre dont j'ai fait cadeau à mon père,	225	»
	39. *Du* 23 *novembre.*		
8 4	PROFITS ET PERTES DOIVENT F. 20 A CAISSE. Prime d'assurance contre l'incendie,	20	»
	40. *Du* 28 *novembre.*		
11 2 4	MÉNAGE DOIT A DIVERS F. 3o, Pour des bas que j'ai fait faire. A MAGASIN, F. 18, Pour 3 kilog. de bourre de soie, F. 18 A CAISSE, F. 12. Coût de leur façon, 12	3o	»
	41. *Du* 3o *novembre.*		
10 4	OUVRAISONS DOIVENT F. 411 95 A CAISSE. Solde des ouvriers, fin à ce jour,	411	95
	42. *Du* 2 *décembre.*		
10 2	OUVRAISONS DOIVENT F. 5 A MAGASIN. Échange de 3 kilog. de liens contre 6 de bourrette,	5	»
	43. *Du* 7 *décembre.*		
4 2	CAISSE DOIT F. 146 A MAGASIN. Vente de 20 k. de bourre de soie, à 7 fr. le k., F. 140 » 3 kilog. de liens, à 2 fr. le kilog., 6	146	»
	44. *Du* 12 *décembre.*		
10 4	OUVRAISONS DOIVENT F. 70 A CAISSE. Payé au machiniste et au serrurier,	70	»
	A transporter, F.	8871	»

Fol. 7.

		Transport, F.	8871	»
	45. *Du* 17 *décembre.*			
4	CAISSE DOIT F. 1000			
12	A PERUQFIN, SON COMPTE A GRANDE FAÇON.			
	Valeur reçue en compte,		1000	»
	46. *Du* 23 *décembre.*			
8	PROFITS ET PERTES DOIVENT F. 50			
4	A CAISSE.			
	Paiement de ma patente,		50	»
	47. *Du* 24 *décembre.*			
8	PROFITS ET PERTES DOIVENT F. 3			
4	A CAISSE.			
	Coût de louage d'un cheval,		3	»
	48. *Du* 25 *décembre.*			
12	PERUQFIN, s/COMPTE A GRANDE FAÇON DOIT K. 470			
2	A MAGASIN.			
	Soies ouvrées que je lui ai livrées, avant condition,			
	K. 470		»	»
	49. *Du* 26 *décembre.*			
4	CAISSE DOIT F. 53			
2	A MAGASIN.			
	Vendu à Chaussine, d'Uzès, 7 kil. de bourre,			
	à 7 fr., F. 49	}	53	»
	Au même, 2 kil. de liens, à 2 fr., 4			
	50. *Du* 27 *décembre.*			
8	PROFITS ET PERTES DOIVENT F. 600			
12	A PERUQFIN, SON COMPTE A GRANDE FAÇON.			
	Montant de la ferme du trimestre courant, de la			
	fabrique de M. Peruqfin,		600	»
	51. *Du* 31 *décembre.*			
10	OUVRAISONS DOIVENT A DIVERS F. 550.			
	Solde des ouvriers à ce jour.			
4	A CAISSE, F. 546.			
	Compté en espèces, F. 546	}	550	»
2	A MAGASIN, F. 4.			
	En 2 kilog. de liens, 4			
	52. *Dudit.*			
12	PERUQFIN DOIT F. 4020			
10	A OUVRAISONS.			
	Montant net des ouvraisons à grande façon,		4020	»
		A transporter, F.	15147	»

		Transport, F.	15147	»
	53. *Du* 31 *décembre.*			
6	BILLETS A PAYER DOIVENT F. 50			
4	A CAISSE.			
	Acquit de ma traite, ordre Baron,		50	»
	54. *Dudit.*			
2	MAGASIN DOIT Kil. 10			
12	A PERUQFIN.			
	Pour balancer le poids des soies, Kil. 10		»	»
	55. *Dudit.*			
	DIVERS DOIVENT A DIVERS F. 3145.			
	Produits et pertes de chaque compte.			
8	PROFITS ET PERTES, F. 301.			
	Frais des comptes de menus plaisirs et de ménage, F. 10 — 291, F. 301			
10	OUVRAISONS, F. 2618.			
	Excédant du montant sur leurs frais, 2618			
2	MAGASIN, F. 226.			
	Ce que j'ai retiré de mes déchets, 226			
	F. 3145			
11	A MENUS PLAISIRS, F. 10.			
	Folles dépenses, F. 10			
11	A MÉNAGE, F. 291.			
	Approvisionnemens consommés, 291		3145	»
8	A PROFITS ET PERTES, F. 2844.			
	Boni sur les ouvraisons et la vente du déchet, F. 2618 — 226, 2844			
	56. *Dudit.*		18342	»
8	PROFITS ET PERTES DOIVENT F. 1880			
1	A CAPITAL			
	Solde de profits et pertes et bénéfices nets jusqu'à ce jour,		1880	»
	57. *Dudit.*			
	DIVERS DOIVENT A DIVERS			
	Balance des comptes non soldés.			
12	PERUQFIN, COMPTE NOUVEAU, F. 2180.			
	Solde en ma faveur, valeur à ce jour, F. 2180			
4	CAISSE, COMPTE NOUVEAU, F. 280.			
	Argent restant en caisse, 280			
1	CAPITAL, COMPTE VIEUX, F. 2460.			
	Solde en ma faveur, 2460			
	A EUX-MÊMES, L/COMPTE RELATIF, F. 4920, 4920		2460	»
	Chacun pour ce dont il est débité, 2460—2460		22682	»
	A transporter, F.		2460	»

Fol. 9.

		Transport, F.	2460	»
	58. *Du* 1er *janvier* 1833.			
4	CAISSE DOIT F. 20000			
1	A CAPITAL.			
	Reçu de la succession de mon père,		20000	»
	59. *Du* 3 *janvier.*			
2	MAGASIN DOIT F. 6000			
4	A CAISSE.			
	Achat de 300 liv. de soie, à 20 fr.,		6000	»
	60. *Du* 7 *janvier.*			
14	PREVOT DOIT F. 4000			
4	A CAISSE.			
	Envoi d'un groupe,		4000	»
	61. *Du* 9 *janvier.*			
1	CAPITAL DOIT F. 400			
4	A CAISSE.			
	Achat d'un cheval,		400	»
	62. *Du* 11 *janvier.*			
1	PRODUITS AGRICOLES DOIVENT F. 250			
4	A CAISSE.			
	Frais d'exploitation agraire,		250	»
	63. *Du* 13 *janvier.*			
2	MAGASIN DOIT F. 4050			
14	A PREVOT.			
	Réception d'un ballot de 200 liv., à 20 fr. 25 c.,		4050	»
	64. *Du* 19 *janvier.*			
	DIVERS DOIVENT A DIVERS F. 12850.			
	Affaires de la foire du 17 courant, à Aubenas.			
14	PREVOT, F. 50.			
	Solde de son compte,	F. 50		
2	MAGASIN, F. 12775.			
	Pour 650 liv. soie grège,	12775		
8	PROFITS ET PERTES, F. 25.			
	Frais de voyage,	25		
		F. 12850		
4	A CAISSE, F. 7850.			
	Espèces emportées à Aubenas,	F. 7850		
15	A Ve GUERIN, F. 5000.		12850	»
	Ma traite, O/Barry, au 17 fév. proch.,	5000		
		A transporter, F.	50010	»

		Transport, F.	5oo1o	»
	65. *Du* 23 *janvier.*			
8 4	PROFITS ET PERTES DOIVENT F. 6 65 A CAISSE. Pour erreur de caisse,		6	65
	66. *Du* 27 *janvier.*			
14 4	PONCET, de BAUMONT, DOIT F. 1000 A CAISSE. Acquit de sa traite sur nous, ordre Comte,		1000	»
	67. *Du* 31 *janvier.*			
8 4	PROFITS ET PERTES DOIVENT F. 26 3o A CAISSE. Acquits de ports de lettres et de voiture,		26	3o
	68. *Du* 4 *février.*			
15 2	Vᵉ GUERIN, de LYON, DOIT F. 4771 20 A MAGASIN. Vente à mon ballot n° 1, à 35 fr., pesᵗ net 80 kil., valeur au 4 mars,		4771	20
	69. *Du* 8 *février.*			
4 2	CAISSE DOIT F. 10577 25 A MAGASIN. Vente aux numéros 2 et 3, pesant net 172 kilog., à F. 3o et F. 3o 5o, la liv., à Sᵗ-Étienne, comptant,		10577	25
	70. *Du* 13 *février.*			
2 4	MAGASIN DOIT F. 10000 A CAISSE. Pour 5oo liv. de soie, que Suel, de Bagnol, m'a envoyées,		10000	»
	71. *Du* 18 *février.*			
11 4 12	MÉNAGE DOIT A DIVERS F. 198. Achat de provisions de ménage, chez Peruqfin. A CAISSE, F. 100. Donné à compte, F. 100 A PERUQFIN, F. 98, Que je lui reste devoir, ci 98		198	»
	72. *Du* 23 *février.*			
4 17	CAISSE DOIT F. 5oo A JEAN, de Privas, Qu'il m'a prétés, pour 1 an, à 5 p. o/o,		5oo	»
		A transporter, F.	77089	40

		Transport, F.	77089	40
	73. *Du* 28 *février.*			
17	PIERRE, de Privas, DOIT F. 1000			
4	A CAISSE,			
	Que je lui ai prêtés, pour 1 an, à 6 p. o/o l'an,		1000	»
	74. *Du* 1er *mars.*			
5	CAISSE DOIT F. 3			
8	A PROFITS ET PERTES.			
	Erreur de caisse, en ma faveur,		3	»
	75. *Du* 2 *mars.*			
	DIVERS DOIVENT A PRODUITS AGRIC.^{s} F. 375.			
	Coupe de bois dans ma propriété.			
5	CAISSE, F. 225.			
	Pour 300 quintaux que j'ai vendus, F. 225			
10	OUVRAISONS, F. 150.		375	»
	200 quintaux pour ma fabrique, 150			
	76. *Du* 3 *mars.*			
7	PORTE-FEUILLE DOIT F. 450			
15	A Ve GUERIN.			
	Remise sur Dautheville, de Privas, au 10 courant,		450	»
	77. *Du* 4 *mars.*			
2	MAGASIN DOIT A DIVERS F. 2010.			
	Achat de 100 liv. de soie et escompte.			
12	A PERUQFIN, F. 2000.			
	Ma traite, ordre Isaac, au 19 cour^t, F. 2000			
5	A CAISSE, F. 10.		2010	»
	Déboursé pour escompte, 10			
	78. *Du* 5 *mars.*			
2	MAGASIN DOIT F. 1005			
14	A PONCET.			
	Achat de 50 liv. de soie, à 20 fr., contre ma traite			
	sur ce dernier, de F. 1005, au 20 cour^t, escompte			
	compris, ordre Platon,		1005	»
	79. *Du* 6 *mars.*			
2	DIVERS DOIVENT A MAGASIN F. 10425 85			
	Vente des ballots n°s 4 et 5, pesant net 168 kil.			
15	Ve GUERIN, F. 5257 70.			
	N° 4, à 36 fr., valeur au 31 cour^t, F. 5257 70			
16	F. JAMEN, F. 5168 15.		10425	85
	N° 5, à 31 fr., val^r au 30 avril proch. 5168 15			
		A transporter, F.	92358	25

		Transport, F.	92358	25

	80. *Du* 7 *mars.*		
5	CAISSE DOIT F. 3000		
15	A Vᵉ GUERIN.		
	Un groupe, valeur du 5 courant,	3000	»
	81. *Du* 8 *mars.*		
16	DIVERS DOIVENT A F. JAMEN F. 3000.		
	Uu groupe, valeur du 6 courant.		
5	CAISSE, F. 2999 55.		
	Reçu net, en espèces, F. 2999 55		
8	PROFITS ET PERTES, F. 0 45.	3000	»
	Passe de sacs, » 45		
	82. *Du* 9 *mars.*		
2	MAGASIN DOIT A DIVERS F. 1900.		
	Achat de 100 liv. de soie, à F. 19.		
5	A CAISSE, F. 700.		
	Compté en espèces, F. 700		
16	A F. JAMEN, F. 1200.	1900	»
	Ma traite, O/Meynier, au domicile de Pine		
	Desgranges et comp., de Lyon, 25 cᵗ, 1200		
	83. *Du* 10 *mars.*		
2	MAGASIN DOIT F. 8000		
17	A MAD. LAONDÈS, des Vans.		
	Pour 400 liv. de soie, qu'elle m'a vendues, et dont		
	le prix sera celui d'un des marchés de mai, à		
	son choix,	8000	»
	84. *Du* 11 *mars.*		
2	MAGASIN DOIT F. 4000		
5	A CAISSE.		
	Pour 200 liv. de soie grège, au cours du 24 mai		
	prochain, de M. Bayle, des Vans, à qui j'ai donné		
	le montant approximatif, fixé à 20 fr. la livre, ci	4000	»
	85. *Du* 12 *mars.*		
5	CAISSE DOIT F. 450		
7	A PORTE-FEUILLE.		
	Encaissement de la remise sur Dautheville,	450	»
	86. *Du* 13 *mars.*		
2	MAGASIN DOIT A DIVERS :		
	Achat éventuel de 100 liv. de soie, au cours du		
	mois de mai prochain.		
17	A MANIFACIER, F. 1000.		
	Ce qui lui reste dû approximativemᵗ, F. 1000		
5	A CAISSE, F. 1000.	2000	»
	Donné à compte, 1000		

		A transporter, F.	114708	25

Fol. 13.

		Transport, F.	114708	25
	87. *Du* 14 *mars.*			
2	MAGASIN DOIT F. 2400			
16	A SILHOL, de Saint-Ambroix.			
	Achat de 120 liv. de soie grège, dont le prix est fixé			
	à F. 20, sauf augmentation, si elle avait lieu d'ici			
	à fin juin prochain,		2400	»
	88. *Du* 15 *mars.*			
2	MAGASIN DOIT F. 2400			
2	A LUI-MÊME.			
	Échange compensé par 100 liv. de soie ouvrée contre			
	120 liv. de grège,		2400	»
	89. *Du* 16 *mars.*			
2	DIVERS DOIVENT A MAGASIN F. 4900.			
	Échange de 200 liv. de soie ouvrée contre autant			
	de grège.			
2	LUI-MÊME, F. 3900.			
	Montant approximatif de 200 liv. de soie grège,			
	F. 3900			
5	CAISSE, F. 1000.		4900	»
	Retour pour passe d'ouvraison, 1000			
	90. *Du* 17 *mars.*			
14	PREVOT DOIT F. 3000			
16	A F. JAMEN.			
	Un groupe, val^r au 15 cour^t, que j'ai cédé à Prevot		3000	»
	91. *Du* 18 *mars.*			
5	DIVERS DOIVENT A CAISSE F. 638 75.			
	Pour divers débours.			
1	CAPITAL, F. 525.			
	Droits successifs et frais de partage, F. 525 »			
1	PRODUITS AGRICOLES, F. 73.			
	Contributions foncières, 73 »		638	75
8	PROFITS ET PERTES, F. 40 75.			
	Pour divers frais, 40 75			
	92. *Du* 19 *mars.*			
5	CAISSE DOIT F. 100			
2	A MAGASIN.			
	Espèces données de trop, par erreur de calcul,			
	que Meynier m'a rendues,		100	»
	93. *Du* 20 *mars.*			
2	MAGASIN DOIT F. 3160			
14	A PREVOT.			
	Envoi de 160 liv., à F. 19 75 la livre,		3160	»
		A transporter, F.	131307	»

			Transport, F.	131307	»
	94.	*Du 21 mars.*			
15	DIVERS DOIVENT A Vᵉ GUERIN F. 3000.				
	Ma traite, ordre Brochier, receveur général, à				
	1 mois, sous escompte de 3/4 p. o/o.				
5	Caisse, f. 2977 50.				
	Reçu net en espèces,	f. 2977 50			
8	Profits et Pertes, f. 22 50.			3000	»
	Escompte,	22 50			
	95.	*Du 22 mars.*			
14	PREVOT DOIT F. 987 50				
2	A MAGASIN.				
	Renvoi de 50 liv. de soie, refusées à Prevot, à f. 19 75,			987	50
	96.	*Du 23 mars.*			
2	MAGASIN DOIT F. 100				
17	A MANIFACIER.				
	Pour 5 liv. de soie, qu'il m'a données à l'essai,			100	»
	97.	*Du 24 mars.*			
5	CAISSE DOIT F. 300				
15	A Vᵉ GUERIN.				
	Ma traite à un mois, ordre Martarèche, qui m'en			300	»
	a fait les fonds,				
	98.	*Du 25 mars.*			
14	PONCET DOIT F. 1200				
15	A Vᵉ GUERIN.				
	Ma traite au 25 avril prochain, ordre Poncet, qui			1200	»
	doit m'en faire les fonds à l'échéance,				
	99.	*Du 26 mars.*			
2	MAGASIN DOIT F. 200				
16	A F. JAMEN.				
	Pour indemnité qu'il a accordée à l'acheteur de mon			200	»
	ballot n° 5,				
	100.	*Du 27 mars.*			
5	CAISSE DOIT F. 4513 40				
2	A MAGASIN.				
	Montant de mon ballot n° 6, pesant net 75 kilog.,			4513	40
	à f. 35, perdu et payé par Taupenas,				
	101.	*Du 28 mars.*			
5	CAISSE DOIT F. 300				
1	A CAPITAL.				
	Montant de la vente de mon cheval,			300	»
		A transporter, F.		141907	90

Fôl. 15.

		Transport, F.	141907	90
	102. *Du 29 mars.*			
15	CHAUSSINE, d'Uzès, DOIT F. 385			
2	A MAGASIN.			
	Pour 120 liv. de bourre de soie, à 3 fr. la liv. F. 360		385	»
	» 25 liv. de liens, à 1 fr. la livre, 25			
	Que je lui ai expédiées, à son débit.			
	103. *Du 31 mars.*			
5	DIVERS DOIVENT A CAISSE F. 1730.			
	Pour divers débours.			
10	OUVRAISONS, F. 1700.			
	Paiement des ouvriers, et solde du compte de			
	M. Dautheville, F. 1700		1730	»
8	PROFITS ET PERTES, F. 30.			
	Pour frais d'emballage, 30			
	104. *Dudit.*			
	DIVERS DOIVENT A DIVERS F. 8647 78.			
	Produits et pertes de chaque compte.			
8	PROFITS ET PERTES, F. 2850 43.			
	Intérêts dus :			
	à F. Jamen, F. 44 35			
	à Jean, de Privas, 2 50			
	à Vᵉ Guerin, 28 43			
	à Capital, 327 15	2850 43		
	Frais de ménage, 198 »			
	Frais d'ouvraisons, 1850 »			
	3 mˢ de ferme de fabriq., 400 »			
1	PRODUITS AGRICOLES, F. 52.			
	Revenu de ma propriété, 52 »			
17	PIERRE, F. 5 15.			
	Intérêts en notre faveur, 5 15			
2	MAGASIN, F. 5740 20.			
	Différᶜᵉ entre le prix des soies vendues,			
	et celui de leur achat, 5740 20			
	8647 78			
16	A F. JAMEN, F. 44 35.			
	Intérêts en sa faveur, 44 35			
17	A JEAN, F. 2 50.			
	Intérêts en sa faveur, 2 50			
15	A Vᵉ GUERIN, F. 28 43.			
	Intérêts en sa faveur, 28 43			
	A transporter, F. 75 28			
	A transporter, F.	144022	90

	Transport, F.	144022	90

	Transport, F. 75 28		

1	A CAPITAL, F. 779 15.		
	Intérêts en sa faveur, ferme de fabrique		
	et produits agricoles, 779 15		
11	A MÉNAGE, F. 198.		
	Ses frais, 198 »	8647	78
10	A OUVRAISONS, F. 1850.		
	Ses frais, 1850 »		
8	A PROFITS ET PERTES, F. 5745 35.		
	Différence en ma faveur, au compte		
	magasin, et intérêts dus par Pierre, 5745 35		

105.   *Du* 31 *mars.*

8	PROFITS ET PERTES DOIVENT F. 2746 27		
1	A CAPITAL.		
	Bénéfice de l'inventaire,	2746	27

106.   *Dudit.*

	DIVERS DOIVENT A DIVERS F. 85177 30.		
	Balance des comptes non soldés.		
17	MANIFACIER, COMPTE VIEUX, F. 1100.		
	Solde en sa faveur, F. 1100 »		
17	Mme. LAONDÈS, COMPTE VIEUX, F. 8000.		
	Solde en sa faveur, 8000 »		
17	PIERRE, COMPTE NOUVEAU, F. 1005 15.		
	Solde en ma faveur, 1005 15		
17	JEAN, COMPTE VIEUX, F. 502 50.		
	Solde en sa faveur, 502 50		
16	SILHOL, COMPTE VIEUX, F. 2400.		
	Solde en sa faveur, 2400 »		
16	F. JAMEN, COMPTE VIEUX, F. 2276 20.		
	Solde en sa faveur, 2276 20		
15	CHAUSSINE, COMPTE NOUVEAU, F. 385.		
	Solde en ma faveur, 385 »		
15	Vᵉ GUERIN, COMPTE VIEUX, F. 2949 53.		
	Solde en sa faveur, 2949 53		
14	PONCET, de Baumont, C/NOUV. F. 1195.		
	Solde en ma faveur, 1195 »		
14	PREVOT, COMPTE NOUVEAU, F. 827 50.		
	Solde en ma faveur, 827 50		
12	PERUQFIN, COMPTE NOUVEAU, F. 82.		
	Solde en ma faveur; 82 »		

	A transporter, F. 20722 88		

	A transporter, F.	155416	95

Fol. 17.

	Transport: F.		155416	95

	Transport, F. 20722 88			
5	CAISSE, COMPTE NOUVEAU, F. 8514.			
	Espèces en caisse,	8514 »		
2	MAGASIN, COMPTE NOUVEAU, F. 30580.			
	Marchandises invendues,	30580 »		
1	CAPITAL, COMPTE VIEUX, F. 25360 42.			
	Fonds capital de ce jour,	25360 42		
		F. 85177 30		
	A EUX-MÊMES, L/COMPTE RELATIF, F. 85177 30.		42588	65
	Chacun pour la somme dont il est débité,		198005	60
			42588	65

JOURNAL GÉNÉRAL

DE PAUL ET CÉLESTIN,

COMMENCÉ LE 1ᵉʳ AVRIL 1835.

—

	107. *Du 1ᵉʳ avril.*			
1	DIVERS DOIVENT A CAPITAL F. 20000.			
	Mise de fonds de N/sieur Célestin.			
5	CAISSE, F. 6000.			
	En espèces,	F. 6000		
7	PORTE-FEUILLE, F. 2000.			
	Le billet de Joachim, à fin courant,	2000	20000	»
2	MAGASIN, F. 12000.			
	600 liv. de soie grège,	12000		
	108. *Dudit.*			
1	CAPITAL DOIT F. 5360 42			
6	A N/SIEUR PAUL.			
	Retrait, pour égaliser sa mise de fonds avec celle de N/sieur Célestin,		5360	42
	109. *Du 2 avril.*			
11	SAVONHUIL DOIT F. 600			
5	A CAISSE.			
	A compte sur les ouvraisons qu'il doit nous faire,		600	»
	A transporter, F.		68549	07

	Transport, F.	68549	07
7	110. *Du* 3 *avril.*		
	PORTE-FEUILLE DOIT A DIVERS F. 6200.		
	Escompté le billet d'Isaac, au 30 c[t], de F. 3000		
	d° la traite Guilhon aîné, sur St-Étienne,		
	au 10 mai, 2000		
	d° la remise Méalarès, sur L. Dugas, à		
	Lyon, au 5 mai, 1200		
	Total F. 6200		
5	A CAISSE, F. 6153 50.		
	Compté en espèces, F. 6153 50		
8	A PROFITS ET PERTES, F. 46 50.	6200	»
	Rabais de l'escompte à 3/4 p. o/o, 46 50		
	111. *Du* 4 *avril.*		
8	PROFITS ET PERTES DOIVENT F. 500		
3	A MAGASIN.		
	Pour 25 liv. de soie, qu'on nous a volées, à 20 fr.,	500	»
	112. *Du* 5 *avril.*		
15	Ve GUERIN DOIT 1200		
5	A CAISSE.		
	Pour autant, que nous avons compté, à M. Dejoux,		
	sur lettre de crédit,	1200	»
	113. *Du* 7 *avril.*		
3	MAGASIN DOIT F. 6112 85		
5	A CAISSE.		
	Achat de 100 kilog. nets, à F. 25 25 la livre,	6112	85
	114. *Du* 9 *avril.*		
7	DIVERS DOIVENT A PORTE-FEUILLE F. 8200.		
	Pour les négociations suivantes :		
	Le billet de Joachim, à fin cour[t], F. 2000		
	Le billet d'Isaac, d° 3000		
	La traite Guilhon aîné, sur St-Étienne,		
	au 10 mai, 2000		
	La remise Méalarès, s/Lyon, au 5 mai, 1200		
	Total F. 8200		
5	CAISSE, F. 8169 25.		
	Reçu net en espèces, 8169 25		
8	PROFITS ET PERTES, F. 30 75.	8200	»
	Escompte à 3/8 p. o/o, 30 75		
	115. *Du* 11 *avril.*		
13	SOIES A COMPTE A DEMI AVEC DUPUY, D'Anduse,		
	DOIVENT F. 6150		
5	A CAISSE.		
	Pour notre moitié de 600 liv. de soie, à F. 20 50,	6150	»
	A transporter, F.	9691[1]	92

Fol. 19.

	Transport, F.	96911	92
	116. *Du* 13 *avril.*		
5	DIVERS DOIVENT A CAISSE F. 1800.		
	P^r frais d'ouvraison à nos soies à compte à demi.		
13	Soies a compte a demi avec Dupuy, f. 900.		
	Notre part desdits frais, f. 900		
13	Dupuy, d'Anduse, f. 900.	1800	»
	La part de ce dernier, 900		
	117. *Du* 15 *avril.*		
6/3	N/Sieur PAUL DOIT A MAGASIN F. 340.		
	P^r manque de poids aux soies qu'il a mises à la société,	340	»
	118. *Du* 16 *avril.*		
14/5	PONCET, de Baumont, DOIT A CAISSE F. 3 40.		
	Pour ports de lettres à sa charge,	3	40
	119. *Du* 19 *avril.*		
14/6	PREVOT DOIT A BILLETS A PAYER F. 6000.		
	Notre acceptation à deux traites de Prevot, ordre		
	Baussier, sur nous, au 30 courant,	6000	»
	120. *Du* 20 *avril.*		
14	DIVERS DOIVENT A PREVOT F. 3037 50.		
	Pour son envoi, de ce jour, d'un ballot de		
	150 liv., à f. 20 25.		
3	Magasin, f. 2937 50.		
	Montant intrinsèque de la soie que nous avons		
	reçue, f. 2937 50		
5	Caisse, f. 100.	3037	50
	P^r autant, que nous a remboursé M. Cotte,		
	pour avarie, 100 »		
	121. *Du* 23 *avril.*		
14	PREVOT DOIT F. 2000		
15	A Ve GUERIN.		
	P^r sa traite, que n/avons fait acquitter par ce dernier,	2000	»
	122. *Du* 25 *avril.*		
14	PREVOT DOIT F. 100		
3	A MAGASIN.		
	Rabais convenu, sur le montant de son dern^r envoi,	100	»
	123. *Du* 27 *avril.*		
5	CAISSE DOIT A DIVERS F. 1201 36.		
	Négociat^n de n/traite de ce jour, s/Poncet, à fin c^t.		
14	a Poncet, de Baumont, f. 1198 40.		
	Solde de son compte, f. 1198 40		
8	a Profits et Pertes, f. 2 96.	1201	46
	Intérêts en n/faveur, après esc^{te} payé, 2 96		
	A transporter, F.	111394	18

		Transport, F.	111394	18
	124. *Du* 29 *avril.*			
5	DIVERS DOIVENT A CAISSE F. 600.			
	Pour autant, que nous avons donné aux suivans:			
6	N/sieur PAUL, F. 300.			
	Espèces qu'il a reçues, F. 300			
7	N/sieur CÉLESTIN, F. 300.		600	»
	Espèces qu'il a reçues, 300			
	125. *Du* 30 *avril.*			
3	DIVERS DOIVENT A MAGASIN F. 16045 75.			
	Vente aux num^os 10, 11 et 13, pes^t net ensemble			
	kil. 266 15, à F. 29 50, F. 30 et F. 30 75.			
5	CAISSE, F. 5912 25.			
	Reçu en espèces, F. 6012 25 } 5912 25			
	Frais de voyage à rabattre, 100 »			
7	PORTE-FEUILLE, F. 7033 50.			
	Billet de Tivet, à 90 j., F. 5628 60 }			
	Remise s/Laffitte, de Paris, } 7033 50			
	au 15 juin prochain, 1404 90 }			
16	F. JAMEN, F. 3000.		16045	75
	Remise sur Casimir Perrier,			
	au 20 mai, F. 2000 » }			
	N/lui avons laissé en espèc. 1000 » } 3000 »			
8	PROFITS ET PERTES, F. 100.			
	Frais de voyage et de courtage, 100 »			
	126. *Du* 1er *mai.*		128039	93
6	BILLETS A PAYER DOIVENT F. 6000			
5	A CAISSE.			
	Acquit des traites de Prevot que n/avions acceptées,		6000	»
	127. *Du* 2 *mai.*			
3	MAGASIN- DOIT F 2000			
13	A CHAROUSSET.			
	Pour 100 liv. de soie, qu'il nous a expédiées, à 20 fr.,		2000	»
	128. *Du* 4 *mai.*			
	DIVERS DOIVENT A DIVERS F. 12018 40.			
	Achat de 600 liv. de soie, à 20 fr.			
3	MAGASIN, F. 12000.			
	Montant net de la soie, F. 12000 »			
8	PROFITS ET PERTES, F. 18 40.			
	Esc^te à n/traite s/Jamen, F. 17 70 }			
	Passe de sac à un groupe, » 90 } 18 40			
	F. 12018 40			
	A transporter, F.		136039	93

Fol. 21.

	Transport, F.		136039	93
16	A F. JAMEN, F. 8517 50.			
	Son groupe, F. 6000 »	} 8517 50		
	N/T^c, O/Tournayre, à 1 m., 2517 5o			
15	A Ve GUERIN, F. 2500.		12018	40
	N/traite, O/Lapierre, au 31 cour^t, 2500 »			
5	A CAISSE, F. 1000 90.			
	Donné en esp^s et billet à réquisition 1000 90			

129.   *Du 6 mai.*

18	BROSSET ET JAMME DOIV^t A DIVERS F. 14058.			
	Vente de nos soies à compte à demi avec Dupuy,			
	pesant net kil. 227 08, à F. 36.			
13	A DUPUY, d'Anduse, F. 7029.			
	Sa part lui revenant sur cette vente,			
	valeur au 31 courant, F. 7029			
13	A SOIES A C/A DEMI AVEC DUPUY, F. 7029.	14058	»
	Pour n/part, valeur même époque, 7029			

130.   *Du 8 mai.*

5	DIVERS DOIVENT A CAISSE F. 190.			
	Solde des ouvraisons à compte à demi a/Dupuy.			
13	SOIES A COMPTE A DEMI AVEC DUPUY, F. 95.			
	Notre part, F. 95			
13	DUPUY, F. 95.	190	»
	La part de ce dernier, 95			

131.   *Du 10 mai.*

8	PROFITS ET PERTES DOIVENT F. 116			
13	A SOIES A COMPTE A DEMI AVEC DUPUY.			
	Pour ce que nous avons perdu dans ce compte en			
	participation,	116	»

132.   *Du 12 mai.*

7	PORTE-FEUILLE DOIT F. 3000			
18	A BROSSET ET JAMME.			
	Acceptation de notre traite sur ces derniers, à notre			
	ordre, fin courant,	3000	»

133.   *Du 14 mai.*

14	PREVOT DOIT A DIVERS F. 3467.			
	Pour les traites ci-après, que nous lui avons			
	envoyées, à son ordre :			
15	A CHAUSSINE, F. 385.			
	N/traite sur ce dernier, à vue, p. solde, F. 385			
12	A PERUQFIN, F. 82.			
	Pour solde de compte, 82	3467	»
18	A BROSSET EL JAMME, de Lyon, F. 3000.			
	Notre traite au 31 courant, 3000			

	A transporter, F.		168889	33

		Transport, F.	168889	33
	134. *Du* 15 *mai.*			
	DIVERS DOIVENT A DIVERS F. 6257 73.			
	Réglem^t du compte de Ve Guerin, val^r à ce jour.			
8	PROFITS ET PERTES, F. 4 10.			
	Intérêts en sa faveur, F. 4 10			
15	Ve GUERIN, COMPTE VIEUX, F. 6253 63.			
	Solde du compte vieux, 6253 63			
	F. 6257 73			
15	A Ve GUERIN, F. 4 10.			
	Intérêts en sa faveur, F. 4 10			
15	A Ve GUERIN, COMPTE NOUV., F. 6253 63.	6257	73
	Solde à nouveau, 6253 63			
	135. *Du* 16 *mai.*			
8	PROFITS ET PERTES DOIVENT F. 22 50			
14	A PREVOT.			
	Frais de négociation à nos traites,	22	50
	136. *Du* 18 *mai.*			
18	SCRIBE DOIT F. 200			
5	A CAISSE.			
	A compte sur ses appointemens, et passe de caisse,	200	»
	137. *Du* 20 *mai.*			
17	DIVERS DOIVENT A PIERRE F. 1005 15.			
	Suivant le concordat passé avec lui.			
5	CAISSE, F. 502 50.			
	Reçu en espèces, F. 502 50			
8	PROFITS ET PERTES, F. 502 65.	1005	15
	Perte de 50 p. o/o, 502 65			
	138. *Du* 22 *mai.*			
18	DIVERS DOIV^t A BROSSET ET JAMME F. 2025.			
	Pour diverses remises qu'ils nous ont envoyées.			
13	DUPUY, F. 1300.			
	Remises sur Valentin et Joachim, d'Anduse,			
	aux 31 et 25 cour^t, F. 600/700, F. 1300			
7	PORTE-FEUILLE, F. 725.	2025	»
	Remise sur Chrysocal, de notre ville,			
	au 4 juin, F. 350			
	Remise sur Freydier, de notre ville, 725			
	au 5 juin, 375			
	139. *Du* 24 *mai.*			
18	BROSSET ET JAMME DOIV^t A DIVERS F. 8100.			
	Achats, à la commission, que n/lui avons expédiés.			
	A transporter, F.	178399	71

Fol. 23.

3	A MAGASIN, F. 8000. *Transport,* F.		178399	71
	Pour 400 liv. de soie grège, à 20 fr., F. 8000			
8	A PROFITS ET PERTES, F. 100.		8100	»
	Commission, à 25 c. par livre, 100			
	140. *Du 26 mai.*			
18	BROSSET ET JAMME DOIVENT F. 321 75			
5	A CAISSE.			
	Notre intervention à leur remise, s/Privas, au 20 c^t,		321	75
	141. *Du 30 mai.*			
18	DIVERS DOIV^t A BROSSET ET JAMME F. 9225.			
	Paiement des soies des suivans, à F. 20 25,			
	cours choisi par eux.			
17	MAD. LAONDÈS, F. 8000.			
	Solde de son compte par n/traite, s/ordre,			
	de F. 8100, à vue, F. 8000			
17	MANIFACIER, F. 1100.			
	Solde de son compte par n/traite, s/ordre,			
	de F. 1125, à 5 jours de vue, 1100		9225	»
8	PROFITS ET PERTES, F. 125.			
	Excédant leur revenant, sur les prix éven-			
	tuels compris dans les susd/traites, 125			
	142. *Du 31 mai.*			
18	DIVERS DOIV^t A BROSSET ET JAMME F. 5000.			
	Leur remise, sur n/ville, que n/avons encaissée.			
5	CAISSE, F. 3000.			
	Espèces mises en caisse, F. 3000			
13	CHAROUSSET, de Joyeuse, F. 2000.		5000	»
	Acquit de sa traite s/nous, avec l'argent			
	de la susdite remise, 2000			
	143. *Dudit.*			
8	PROFITS ET PERTES DOIVENT F. 10			
15	A Ve GUERIN.			
	Redressement à son dernier compte,		10	»
	144. *Du 1er juin.*		201056	46
7	DIVERS DOIV^t A PORTE-FEUILLE F. 10033 50.			
	Pour diverses négociations :			
	Le billet de Tivet, 30 juillet proch., F. 5628 60			
	Remise s/Laffitte, à Paris, 15 juin . 1404 90			
	N/traite, en porte-f°, s/Lyon, échue, 3000 »			
	F. 10033 50			
5	CAISSE, F. 9971 25.			
	Reçu net en espèces, 9971 25			
8	PROFITS ET PERTES, F. 62 25.		10033	50
	Escompte, 62 25			
	A transporter, F.		211089	96

Fol. 24.

			Transport, F.	211089	96

	145. *Du 2 juin.*			
19 5	FILATURE DOIT F. 12000 A CAISSE. Achat de 80 quint. de cocons, à F. 1 5o la livre,		12000	»
	146. *Du 3 juin.*			
19 14	FILATURE DOIT F. 9000 A PREVOT. 6o quint. de cocons, à F. 1 5o, commiss. comprise,		9000	»
	147. *Du 4 juin.*			
18 8	BROSSET ET JAMME DOIVENT F. 6 5o A PROFITS ET PERTES. Provision d'encaissement.		6	5o
	148. *Du 5 juin.*			
18 13 5 8	DIVERS DOIV^t A BROSSET ET JAMME F. 5ooo. Traite sur Dupuy, dont l'encaissem^t s'est opéré comme suit : DUPUY, d'Anduse, F. 4734, Qu'il s'est retenus, p^r solde de s/compte, F. 4734 » CAISSE, F. 251 15. Reçu en espèces, 251 15 PROFITS ET PERTES, F. 14 85. Intérêts que Dupuy s'est retenus, 14 85		5ooo	»
	149. *Du 6 juin.*			
1 5	CAPITAL DOIT F. 1800 A CAISSE. Montant de l'emplacement et de l'à compte que nous faisons à l'entrepreneur de notre construction immobilière, F. 1200/600,		1800	»
	150. *Dudit.*			
19 5 7 5	DIVERS DOIVENT A DIVERS F. 746. Pour encaissement d'une remise et une autre restée pour compte. CHRISOCAL, F. 371. Pour la remise s/lui et frais, F. 35o/21, F. 371 CAISSE, F. 375. Espèces reçues de la remise s/Freydier, 375 Total F. 746 A PORTE-FEUILLE, F. 725. Sortie des deux remises, F. 725 A CAISSE, F. 21. Frais de protêt, 21		746	»
			A transporter, F.	239642	46

Fol. 25.

		Transport, F.	239642	46
	151.	*Du 7 juin.*		
19	**FILATURE DOIT A DIVERS** F. 2700.			
	La récolte de cocons des domaines de n/sieurs			
	Paul et Célestin.			
6	A N/SIEUR PAUL, F. 1500.			
	Sa récolte, 10 quint., à F. 1 50 la liv.. F. 1500			
7	A N/SIEUR CÉLESTIN, F. 1200.		2700	»
	Sa récolte, 8 quint., au même prix, 1200			
	152.	*Du 8 juin*		
5	**CAISSE DOIT** F. 10000			
1	A CAPITAL			
	Pour autant, que nous a prêtés M. Colomb, des Vans,			
	à 5 p. o/o, sur contrat hypothécaire,		10000	»
	153.	*Du 9 juin.*		
1	**CAPITAL DOIT** F. 6000			
5	A CAISSE.			
	Pour autant, que nous avons prêtés à Chassevoisin,			
	à 5 p. o/o, sur obligation hypothécaire,		6000	»
	154.	*Du 10 juin.*		
5	**DIVERS DOIVENT A CAISSE,** F. 408.			
	Pour divers frais.			
1	CAPITAL, F. 86.			
	Frais de l'obligation consentie à Colomb, F. 86			
19	CHRISOCAL, F. 72.			
	Frais de poursuites contre lui, 72		408	»
18	PROCÈS CONTRE CHICANO, F. 250.			
	Donné à M. Aymard, avoué, 250			
	155.	*Du 11 juin.*		
9	**DIVERS DOIVENT A CAISSE** F. 1201			
	Retour à notre traite, sur Brosset et Jamme,			
	protestée faute d'avis.			
18	BROSSET ET JAMME, F. 1125.			
	P^r autant, dont n/les avions crédités, F. 1125			
8	PROFITS ET PERTES, F. 76.		1201	»
	Frais de compte de retour, 76			
	156.	*Du 12 juin.*		
3	**MAGASIN DOIT** F. 2340			
6	A BILLETS A PAYER.			
	Achat de 120 liv. de soie, à F. 19 50, de Croisier,			
	payables en notre billet à fin juillet prochain,		2340	»
		A transporter, F.	262291	46

Fol. 26.

		Transport, F.	262291	46
	157. *Du* 13 *juin.*			
3	DIVERS DOIVENT A MAGASIN F. 23841 24.			
	Vente de 5 ballots pesant net 390 kilog.			
16	F. JAMEN, F. 9661 20.			
	Vente de 2 ball., à 30 f., val^r 15 août, F. 9661 20			
15	Ve GUERIN, F. 9763 92.			
	Vente de 2 ball., à 36 f., au 10 juillet, 9763 92		23841	24
18	BROSSET ET JAMME, F. 4416 12.			
	Vente à 1 ball., à 35 f. 75, 12 juillet, 4416 12			
	158. *Du* 14 *juin.*			
	DIVERS DOIVENT A DIVERS F. 13000.			
	Réception de remises et d'un groupe.,			
9	A CAISSE, F. 10998 80.			
	Encaissem^t d'une remise sur Duitteneyrod et			
	d'un groupe, F. 3000/7998 80, ci F. 10998 80			
8	PROFITS ET PERTES, F. 1 20.			
	Passe de sac au groupe; 1 20			
7	PORTE-FEUILLE, F. 2000.			
	Remise sur Portaunez, échue, 2000 »			
	13000 »			
18	A BROSSET ET JAMME, F. 5000.			
	Remise s/Duitteneyrod, échue, F. 3000 } 5000			
	d° s/Portaunez. d° 2000 }		13000	»
16	A F. JAMEN, F. 8000.			
	Son groupe, valeur au 10 courant, 8000			
	159. *Du* 15 *juin.*			
9	CAISSE DOIT F. 2000			
7	A PORTE-FEUILLE.			
	Montant principal de n/retraite s/Brosset et Jamme,			
	à vue, de la remise sur Portaunez, protestée			
	faute de paiement,		2000	»
	160. *Du* 16 *juin.*			
6	BILLETS A PAYER DOIVENT A DIVERS F. 1000.			
	Donné à Croisier, sur le billet que nous lui			
	avons consenti.			
9	A CAISSE, F. 992 50.			
	En espèces, F. 992 50 }			
8	A PROFITS ET PERTES, F. 7 50.		1000	»
	Escompte, 7 50 }			
	A transporter, F.	302132	70

17

Fol. 27.

	161. *Du* 17 *juin.* *Transport*, F.	302132	70
16/15	SILHOL DOIT A Ve GUERIN F. 2400.		
	N/traite, à vue, à l'ordre et pour solde de s/compte,	2400	»
	162. *Du* 18 *juin.*		
10	FRAIS GÉNÉRAUX DOIV^t A DIVERS F. 3551.		
	Montant de 800 liv. de soie que nous a ouvrées Savonhuil, avec remplacement de déchet,		
11	A SAVONHUIL, F. 600.		
	Solde de son compte, F. 600		
9	A CAISSE, F. 2951.	3551	»
	Espèces pour solde des façons, 2951		
	163. *Du* 19 *juin.*		
9	PROFITS ET PERTES DOIV^t A DIVERS F. 300.		
	Réglem^t de compte av. Scribe, jusqu'à fin cour^t.		
18	A SCRIBE, F. 200.		
	Solde de son compte, F. 200		
9	A CAISSE, F. 100.	300	»
	Solde de ses appointemens et passe de caisse, jusqu'au 30 courant, 100		
	164. *Du* 20 *juin.*		
18	DIVERS DOIV^t A PROCÈS CONTRE CHICANO F. 250.		
	Résultat de notre procès, terminé juridiquem^t.		
9	CAISSE, F. 200.		
	Remboursem^t de nos frais liquidés, F. 200		
1	CAPITAL, F. 50.	250	»
	Frais d'avocat et faux frais, 50		
	165. *Du* 21 *juin.*		
9	PROFITS ET PERTES DOIVENT F. 443		
19	A CHRISOCAL.		
	Solde de ce que ce dernier nous doit, porté pour mémoire au compte de mauvais débiteurs,	443	»
	166. *Du* 23 *juin.*		
9	DIVERS DOIVENT A CAISSE F. 5370.		
	Pour divers débours.		
1	CAPITAL, F. 300.		
	Acquit de la pension viagère que nous servons à M. Richard, F. 300		
10	FRAIS GÉNÉRAUX, F. 2020.		
	Frais d'ouvraisons, 2020		
7	N/SIEUR CÉLESTIN, F. 700.	5370	»
	Montant de la grande roue de s/fabrique, 700		
19	FILATURE, F. 2350.		
	Sa ferme, et autres frais, 2350		
	A transporter, F.	314446	70

Fol. 28.

			Transport, F.	314446	70
	167.	*Du 27 juin.*			
9	CAISSE DOIT F. 6000				
1	A CAPITAL.				
	Indemnité que nous a accordée la Compagnie de l'Union, pour incendie,			6000	»
	168.	*Du 28 juin.*			
7	PORTE-FEUILLE DOIT A DIVERS F. 1610.				
	Notre traite, à notre ordre, sur Veyrenc, d'Annonay, à 3 mois de date.				
3	A MAGASIN, F. 600.				
	Pour 120 liv. de bourre ou liens, à 5 fr., en race, F. 600				
19	A FILATURE, F. 1010.			1610	»
	Pour 120 liv. de douppions et 100 liv. de frisons, à F. 8 et F. 0 50 la livre, 1010				
	169.	*Du 29 juin.*			
16	F. JAMEN DOIT A DIVERS F. 8000.				
	Envoi d'un groupe d'autant.				
9	A CAISSE, F. 7998 80.				
	Net en espèces, F. 7998 80				
9	A PROFITS ET PERTES, F. 1 20.			8000	»
	Passe de sacs, 1 20				
	170.	*Du 30 juin.*			
3	MAGASIN DOIT F. 25040				
19	A FILATURE.				
	Montant de 1264 liv. de soie, que nous a rendues la filature.			25040	»
	171.	*Dudit.*			
9	CAISSE DOIT F. 27				
9	A PROFITS ET PERTES.				
	Reçu de Chrisocal, à compte sur ce qu'il n/doit,			27	»
	172.	*Dudit.*			
	DIVERS DOIVENT A DIVERS F. 12641 30.				
	Inventaire particulier de chaque compte :				
3	MAGASIN, F. 5096 64.				
	Différence de l'achat à la vente, F. 5096 64				
	PROFITS ET PERTES, F. 7544 66.				
	Pr la ferme de n/2 fabriq., F. 1000 »				
	Pr balancer le compte de 6571 »				
	frais généraux, 5571 »				
		A transporter, F. 11667 64			
			A transporter, F.	355123	70

Fol. 29.

			Transport, F.	355123	70

	Transport, F. 11667 64

Intérêts dus :
à Brosset et Jamme,   19 60
à n/capital,   617 33
à n/sieur Paul,   93 80
à n/sieur Célestin,   F. » 60   973 66
à Ve Guerin,   55 »
à F. Jamen,   187 33

F. 12641 30

9   A PROFITS ET PERTES, F. 5096 64.
    Différence en n/faveur, à magasin, F. 5096 64
6   A N/SIEUR PAUL, F. 593 80.
    P^r la ferme de sa fabriq., F. 500 »
    P^r intérêts en sa faveur,   93 80   593 80
7   A N/SIEUR CÉLESTIN, F. 500 60.
    P^r la ferme de sa fabriq., F. 500 »
    P^r intérêts en sa faveur,   » 60   500 60
10   A FRAIS GÉNÉRAUX, F. 5571.
    Solde de ce compte,   5571 »   12641 30
18   A BROSSET ET JAMME, F. 19 60.
    Intérêts en leur faveur,   19 60
1   A CAPITAL, F. 617 33.
    Intérêts en sa faveur,   617 33
15   A Ve GUERIN, F. 55.
    Intérêts en sa faveur,   55 »
16   A F. JAMEN, F. 187 33.
    Intérêts en sa faveur,   187 33

175.   *Du 30 juin.*

1   CAPITAL DOIT F. 4583 06
9   A PROFITS ET PERTES.
    Pour ce que nous avons perdu dans la société,   4583 06

174.   *Dudit.*

DIVERS DOIVENT A DIVERS.
    Les soldes des comptes réglés à ce jour :
1   CAPITAL, COMPTE VIEUX, F. 43798 27.
    Fonds social à ce jour,   F. 43798 27
3   MAGASIN, COMPTE NOUV., F. 48680.
    Marchandises invendues,   48680 »
6   BILLETS A PAYER, C/VIEUX, F. 1340.
    Reste de nos engagemens,   1340 »
6   N/SIEUR PAUL, C/VIEUX, F. 6814 22.
    Solde en sa faveur,   6814 22

A transporter, F. 100632 49

			A transporter, F.	372348	06

Fol. 3o.

		Transport, F.	372348	o6
	Transport, F. 100632 49			
7	PORTE-FEUÍLLE, COMPTE NOUV., F. 1610.			
	Remises non négociées, 1610 »			
7	N/SIEUR CÉLESTIN, C/VIEUX, F. 700 6o.			
	Solde en sa faveur, 700 6o			
9	CAISSE, COMPTE NOUVEAU, F. 4047 86.			
	Argent en caisse, 4047 86			
14	PREVOT, COMPTE NOUVEAU, F. 334 5o.			
	Soldé en notre faveur, 334 5o			
15	Vᵉ GUERIN, COMPTE NOUVEAU, F. 1045 29.			
	Solde en notre faveur, 1045 29			
16	F. JAMEN, COMPTE NOUV., F. 1680 17.			
	Solde en notre faveur, 1680 17			
17	JEAN, COMPTE VIEUX, F. 5o2 5o.			
	Solde en sa faveur, 5o2 5o			
18	BROSSET ET JAMME, C/VIEUX, F. 4242 23.			
	Solde en leur faveur, 4242 23			
	F. 114795 64			
	A EUX-MÊMES, L/COMPTE RELATIF, F. 114795 64.	57397	82	
	Chacun pour la somme dont il est débité,	429745	88	
		57397	82	

LIQUIDATION
DE PAUL ET CÉLESTIN,
ENSUITE DE LA DISSOLUTION
CONCLUE AUJOURD'HUI 1ᵉʳ JUILLET 1835.

	175. *Du* 1ᵉʳ *juillet* 1835.			
19	N/SIEUR PAUL, SON COMPTE DE LIQUIDATION, DOIT F. 4047 86.			
9	A CAISSE.			
	Espèces restant à la caisse de la société,	4047	86	
	176. *Du* 2 *juillet.*			
7	DIVERS DOIVENT A PORTE-FEUILLE F. 1610.			
	Négociatⁿ de n/traite, en porte-feuille, s/Veyrenc.			
19	N/SIEUR PAUL, LIQUIDATEUR, F. 1602.			
	Reçu net en espèces, F. 1602			
9	PROFITS ET PERTES, F. 8.			
	Escompte à 1/2 p. o/o, 8	1610	»	
	A transporter, F.	63055	68	

Fol. 31.

		Transport, F.	63o55	68
	177. *Du* 3 *juillet.*			
19	N/SIEUR PAUL, LIQUIDATÈUR, DOIT F. 334 5o			
14	A PREVOT.			
	Espèc. que ce dernier a envoyées, p^r solde de compte.		334	5o
	178. *Du* 5 *juillet.*			
19	DIVERS DOIVENT A PAUL, LIQUIDAT^r, F. 51o.			
	Solde du compte de Jean, intérêts compris, par			
	sa traite, sur nous, de F. 51o.			
17	JEAN, F. 5o2 5o.			
	Pour solde, F. 5o2 5o			
9	PROFITS ET PERTES, F. 7 5o.		51o	»
	Intérêts en sa faveur, 7 5o			
	179. *Du* 7 *juillet.*			
18	BROSSET ET JAMME DOIVENT F. 4242 23			
19	A N/SIEUR PAUL, LIQUIDATEUR.			
	Leur solde, que nous avons compté à M. Dubois,			
	suivant ordre,		4242	23
	18o. *Du* 9 *juillet.*			
	DIVERS DOIVENT A DIVERS F. 25oo.			
	Négociation de deux traites, ordre Regard,			
	sur les suivans :			
19	N/SIEUR PAUL, LIQUIDATEUR, F. 2487 5o.			
	Reçu net en espèces, F. 2487 5o			
9	PROFITS ET PERTES, F. 12 5o.			
	Escompte à 1/2 p. o/o, 12 5o			
	F. 25oo »			
15	A Ve GUERIN, F. 1ooo.			
	Notre traite, à fin courant, F. 1ooo			
16	A F. JAMEN, F. 15oo.		25oo	»
	Notre traite, à fin courant, 15oo			
	181. *Du* 11 *juillet.*			
	DIVERS DOIVENT A DIVERS F. 755o o2.			
	Solde des comptes de nos anciens associés.			
6	N/SIEUR PAUL, F. 6814 22.			
	Solde de son compte, F. 6814 22			
7	N/SIEUR CÉLESTIN, F. 7oo 6o.			
	Solde de son compte, 7oo 6o			
9	PROFITS ET PERTES, F. 35 2o.			
	Intérêts en faveur de Paul, F. 34 » 35 2o			
	d° de Célestin, 1 2o			
	F. 755o o2			
		A transporter, F.	7o642	41

	Transport, F.	70642	41
15	A Ve GUERIN, F. 6848˜22.		
	N/traite, O/de n/sieur Paul, à fin c^t, F. 6848 22		
19	A N/SIEUR PAUL, LIQUIDAT^r, F. 701 80.	7550	02
	Donné en espèces, à Célestin, 701 80		
	182. *Du* 13 *juillet.*		
3	DIVERS DOIVENT A MAGASIN F. 32123 77.		
	Vente de 6 ballots, pesant net 515 kilog.		
16	F. JAMEN, F. 15669 57.		
	Vente de 3 ball., à 31 f., val^r 15 sept^e, F. 15669 57		
15	Ve GUERIN, F. 16454 20.	32123	77
	Vente de 3 ball., à 36 f., val^r 15 août, 16454 20		
	183. *Du* 15 *juillet.*		
1	CAPITAL DOIT A DIVERS¦ F. 20000.		
	Premier versement de fonds aux associés.		
15	A Ve GUERIN, F. 10000.		
	N/traite, ordre n/s^r Célestin, au 31 c^t, F. 10000		
16	A F. JAMEN, F. 10000.	20000	»
	Pour un crédit d'autant, que n/avons		
	ouvert à n/sieur Paul, 10000		
	184. *Du* 17 *juillet.*		
16	DIVERS DOIVENT A F. JAMEN F. 5000.		
	Pour un groupe que nous a envoyé Jamen.		
19	N/SIEUR PAUL, LIQUIDATEUR, F. 4999 25.		
	Reçu net en espèces, F. 4999 25		
9	PROFITS ET PERTES, F. 0 75.	5000	»
	Passe de sacs, » 75		
	185. *Du* 19 *juillet.*		
19	N/SIEUR PAUL, LIQUIDATEUR, DOIT F. 100		
1	A CAPITAL.		
	Pour autant, que nous a payé Chrisocal, sur ce		
	qu'il nous doit,	100	»
	186. *Du* 20 *juillet.*		
3	DIVERS DOIVENT A MAGASIN F. 26738 50.		
	Vente de 6 ballots, pesant net 416 kil., à 32 fr.		
19	N/SIEUR PAUL, LIQUIDATEUR, F. 26371 12.		
	Apport en espèces, F. 26371 12		
9	PROFITS ET PERTES, F. 367 38.	26738	50
	Esc^{te} de 1 p.°/$_0$ sur la fact^e, F. 267 38 } 367 38		
	Dépenses de voyage, 100 » }		
	A transporter, F.	162154	70

Fol. 33,

		Transport, F.	162154	70
	187.	*Du* 21 *juillet.*		

19
1
	N/SIEUR PAUL, LIQUIDATEUR, DOIT F. 160
	  A CAPITAL.
	Montant net de la cession, à n/sieur Paul, de ce
	  que nous doit Chrisocal,
			150	»

	188.	*Du* 22 *juillet.*		

15
5
	Ve GUERIN DOIT F. 468
	  A MAGASIN.
	P^r 204 liv. de bourre ou liens, que n/avons vendues
	  à Chaussine, d'Uzès, contre son billet d'autant,
	  au 10 août, que n/avons endossé à Ve Guerin,
			468	»

	189.	*Du* 23 *juillet.*		
9 19	PROFITS ET PERTES DOIVENT F. 4520 A N/SIEUR PAUL, LIQUIDATEUR. Pour autant, qu'il a donné pour frais d'ouvraisons,		4520	»
	190.	*Du* 24 *juillet.*		

19
9
	N/SIEUR PAUL, LIQUIDATEUR, DOIT F. 60
	  A PROFITS ET PERTES.
	Pour 100 livres d'huile épurée, que n/sieur Paul
	  a prises pour son compte,
			60	»

	191.	*Du* 25 *juillet.*		
3 1	MAGASIN DOIT F. 480 A CAPITAL. P^r 24 liv. de soie portée en moins à l'invent^e dern^r,		480	»
	192.	*Dudit.*		
3 9	MAGASIN DOIT F. 10170 27 A PROFITS ET PERTES. Différence de l'achat à la vente de nos soies,		10170	27
	193.	*Du* 26 *juillet.*		
9 19	PROFITS ET PERTES DOIVENT F. 200 A N/SIEUR PAUL. LIQUIDATEUR. Provision pour passe de liquidation,		200	»
	194.	*Du* 27 *juillet.*		
1 19	CAPITAL DOIT F. 24528 27 A N/SIEUR PAUL, LIQUIDATEUR. Pour solde du fonds capital compté à n/s^r Célestin,		24528	27
		A transporter, F.	202731	24

Fol. 34.

		Transport, F.	202731	24
	195. *Du 28 juillet.*			
	DIVERS DOIVENT A DIVERS.			
	Négociation des traites que nous ont envoyées			
	Vᵉ Guerin et F. Jamen, pour solder l/comptes.			
19	N/sɪᴇᴜʀ Pᴀᴜʟ, ʟɪǫᴜɪᴅᴀᴛᴇᴜʀ, ꜰ. 798 77.		.	
	Reçu net de la négociation des deux traites			
	des susdits, ꜰ. 798 77			
9	Pʀᴏꜰɪᴛs ᴇᴛ Pᴇʀᴛᴇs, ꜰ. 170 24.			
	Intérêts défalqués :			
	en faveur de F. Jamen, ꜰ. 134 80			
	en faveur de Vᵉ Guerin, 30 56			
	Escᵗᵉ de 1/2 p. o/o à l/traite, $\Big\}$ 170 24			
	ꜰ. 3 52 / 0 45, 3 97			
	Courtᵉ de 1/8 p. o/o, ꜰ. 0 91, » 91			
	ꜰ. 969 01			
15	ᴀ Vᵉ Gᴜᴇʀɪɴ, ꜰ. 119 27.			
	Sa traite, s/Paris, de ꜰ. 88 71, et ꜰ. 30 56 d'in-			
	térêts qui lui sont dus, ꜰ. 119 27			
16	ᴀ F. Jᴀᴍᴇɴ, ꜰ. 849 74.		969	01
	Sa traite, sur Paris, de ꜰ. 714 94, et			
	ꜰ. 134 80 d'intérêts, 849 74			
	196. *Du 31 juillet.*			
16	**BILLETS A PAYER DOIVENT F. 1340**			
19	A N/Sɪᴇᴜʀ PAUL, ʟɪǫᴜɪᴅᴀᴛᴇᴜʀ.			
	Restant dû, et retrait du billet que nous avions			
	consenti à Croisier,		1340	»
	197. *Dudit.*			
19	**N/Sɪᴇᴜʀ PAUL, ʟɪǫᴜɪᴅᴀᴛᴇᴜʀ, DOIT F. 57 88**			
9	A PROFITS ET PERTES.			
	Intérêts en n/faveur, d'après le compte courant du			
	compte de liquidation,		57	88
	198. *Dudit.*			
9	**PROFITS ET PERTES DOIVENT F. 4966 58**			
19	A N/Sɪᴇᴜʀ PAUL, ʟɪǫᴜɪᴅᴀᴛᴇᴜʀ.			
	Bénéfices survenus pendant la liquidation, et que			
	nous nous sommes partagés,		4966	58
			210064	71

FIN DU JOURNAL GÉNÉRAL.

Répertoire

DU GRAND-LIVRE *A.*

Le répertoire du grand-livre est un cahier composé d'autant de feuillets qu'il y a de lettres dans l'alphabet; on y écrit, par ordre alphabétique, le nom de chaque compte et le chiffre du folio où il est ouvert au grand-livre.

GRAND-LIVRE.

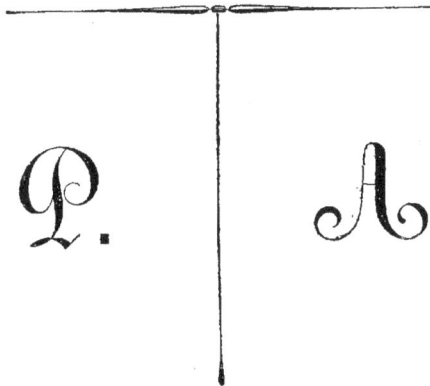

Grand - Livre.

CAPITAL — DOIT. / AVOIR.

Date		Fol.	Doit		Date		Fol.	Avoir	
1834					1834				
Juillet	1	1	45	»	Juillet	1	1	550	»
Novemb^e	19	6	225	»	Novemb^e	10	5	300	»
Décemb^e	31	8	2460	»	Décemb^e	31	8	1880	»
			2730	»				2730	»
1835									
Janvier	9	9	400	»		31	8	2460	»
Mars	18	13	525	»	1835				
	31	17	25360	42	Janvier	1	9	20000	»
					Mars	28	14	300	»
						31	16	779	15
						31	16	2746	27
			26285	42				26285	42
Avril	1	17	5360	42		31	17	25360	42
Juin	6	24	1800	»	Avril	1	17	20000	»
	9	25	6000	»				45360	42
	10	25	86	»	Juin	8	25	10000	»
	20	27	50	»		27	28	6000	»
	23	27	300	»		30	29	617	33
	30	29	4583	06					
	30	29	43798	27					
			61977	75				61977	75
Juillet	15	32	20000	»	Juin	30	30	43798	27
	27	33	24528	27	Juillet	19	32	100	»
						21	32	150	»
						25	33	480	»
			44528	27				44528	27

PRODUITS AGRICOLES DOIVENT. / AVOIR.

Date		Fol.	Doivent		Date		Fol.	Avoir	
1835					1835				
Janvier	11	9	250	»	Mars	2	11	375	»
Mars	18	13	73	»					
	31	15	52	»					
			375	»				375	»

MAGASIN   *DOIT*.   *AVOIR*.

1834 Juillet	1	5oo	»	1			1834 Août	31	100	»	3		
							Septemb^e	3o	3oo	»	4		
								3o	100	»	4		
		5oo	»						5oo	»			
Octobre	1	5oo	»	4			Novemb^e	28	3	»	6	18	»
Décemb^e	31	10	»	8			Décemb^e	2	3	»	6	5	»
	31			8	226	»		7	23	»	6	146	»
								25	470	»	7		
								26	9	»	7	53	»
								31	2	»	7	4	»
		1010	»		226	»			1010	»		226	»
1835 Janvier	3	3oo	»	9	6000	»	1835 Février	4	80	»	10	4771	20
	13	200	»	9	4o5o	»		8	172	»	10	10577	25
	19	65o	»	9	12775	»	Mars	6	168	»	11	10425	85
Février	13	5oo	»	10	10000	»		15	42	29	13	2400	»
Mars	4	100	»	11	2010	»		16	82	68	13	4900	»
	5	5o	»	11	1005	»		19			13	100	»
	9	100	»	12	1900	»		22	20	64	14	987	5o
	10	400	»	12	8000	»		27	75	»	14	4513	40
	11	200	»	12	4000	»		29	59	87	15	385	»
	13	100	»	12	2000	»							
	14	120	»	13	2400	»			k.7oo	48			
	15	120	»	13	2400	»							
	16	200	»	13	3900	»			l.1696	»			
	20	16o	»	13	316o	»		31	15o9	»	17	3o58o	»
	23	5	»	14	100	»							
	26			14	200	»							
	31			15	5740	20							
		3205	»		69640	20			3205	»		69640	20
	31	15o9	»	17	3o58o	»							
Avril	1	600	»	17	12000	»							
A transporter		2109	»		42580	»							

Fol. 3.

MAGASIN				DOIT.		AVOIR.					
Transport	2109	»		42580	»						
1835						1835					
Avril 7	242	3	18	6112	85	Avril 4	10	32	18	500	»
20	150	»	19	2937	50	15	7	02	19	340	»
						25			19	100	»
				5163o	35	30	266	15	20	16045	75
Mai 2	100	»	20	2000	»						
4	600	»	20	12000	»					16985	75
						Mai 24	165	15	23	8000	»
				65630	35						
Juin 12	120	»	25	2340	»					24985	75
30	1264	»	28	25040	»	Juin 13	390	»	26	23841	24
30			28	5o96	64	28	49	55	28	600	»
							k. 888	19			
							l. 2151	3			
						30	2434	»	29	48680	»
	4585	3		98106	99		4585	3		98106	99
Juin 30	2434	»	30	48680	»	Juillet 13	515	»	32	32123	77
Juillet 25	24	»	33	480	»	20	416	»	32	26738	50
25			33	10170	27	22	84	33	33	468	»
							k.1015	33			
							l.2458	»			
	2458	»		59330	27		2458	»		59330	27

CAISSE — DOIT. — AVOIR.

CAISSE			DOIT					AVOIR
1834					1834			
Juillet	1	1	300 »		Juillet	5	1	23 80
	20	2	250 »			15	2	45 »
	25	2	500 »			31	2	425 »
Août	16	3	200 »		Août	10	2	223 »
	25	3	20 »			20	3	10 »
Septembe	30	4	500 »		Septembe	5	3	10 »
Octobre	16	5	10 »			15	3	20 »
	31	5	500 »			25	3	55 »
Novembe	10	5	300 »			30	4	22 50
Décembe	7	6	146 »			30	4	832 75
	17	7	1000 »		Octobre	31	5	420 »
	26	7	53 »		Novembe	15	6	24 »
						19	6	225 »
						23	6	20 »
						28	6	12 »
						30	6	411 95
					Décembe	12	6	70 »
						23	7	50 »
						24	7	3 »
						31	7	546 »
						31	8	50 »
						31	8	280 »
			3779 »					**3779** »
					1835			
Décembe	31	8	280 »		Janvier	3	9	6000 »
1835						7	9	4000 »
Janvier	1	9	20000 »			9	9	400 »
Février	8	10	10577 25			11	9	250 »
	23	10	500 »			19	9	7850 »
						23	10	6 65
						27	10	1000 »
						31	10	26 30
					Février	13	10	10000 »
						18	10	100 »
						28	11	1000 »
		A transporter	31357 25				*A transporter*	30632 95

Fol. 5.

CAISSE		DOIT.				AVOIR.	
		Transport	31357 25			*Transport*	30632 95
1835				1835			
Mars	1	11	3 »	Mars	4	11	10 »
	2	11	225 »		9	12	700 »
	7	12	3000 »		11	12	4000 »
	8	12	2999 55		13	12	1000 »
	12	12	450 »		18	13	638 75
	16	13	1000 »		31	15	1730 »
	19	13	100 »		31	17	8514 »
	21	14	2977 50				
	24	14	300 »				
	27	14	4513 40				
	28	14	300 »				
			47225 70				47225 70
	31	17	8514 »	Avril	2	17	600 »
Avril	1	17	6000 »		3	18	6153 50
	9	18	8169 25		5	18	1200 »
	20	19	100 »		7	18	6112 85
	27	19	1201 36		11	18	6150 »
	30	20	5912 25		13	19	1800 »
			29896 86		16	19	3 40
Mai	20	22	502 50		29	20	600 »
	31	23	3000 »				22619 75
			33399 36	Mai	1	20	6000 »
Juin	1	23	9971 25		4	21	1000 90
	5	24	251 15		8	21	190 »
	6	24	375 »		18	22	200 »
	8	25	10000 »		26	23	321 75
							30332 40
				Juin	2	24	12000 »
					6	24	1800 »
					6	24	21 »
					9	25	6000 »
					10	25	408 »
A transporter au folio 9			53996 76	*A transporter au folio* 9			50561 40

BILLETS A PAYER *DOIVENT*.   *AVOIR*.

1834					1834				
Août	10	2	223	»	Août	5	2	223	»
Octobre	10	4	50	»	Octobre	5	4	50	»
Décembe	31	8	50	»		10	4	50	»
			323	»				323	»
1835					1835				
Mai	1	20	6000	»	Avril	19	19	6000	»
Juin	16	26	1000	»	Juin	12	25	2340	»
	30	29	1340	»					
			8340	»				8340	»
Juillet	31	34	1340	»	Juin	30	30	1340	»

N/Sɪᴇᴜʀ PAUL   *DOIT*.   *AVOIR*.

1835					1835				
Avril	15	19	340	»	Avril	1	17	5360	42
	29	20	300	»	Juin	7	25	1500	»
			640	»		30	29	593	80
Juin	30	29	6814	22					
			7454	22				7454	22
Juillet	11	31	6814	22	Juin	30	30	6814	22

PORTE-FEUILLE   DOIT.   AVOIR.

1834					1834				
Juillet	1	1	250	»	Juillet	20	2	250	»
Août	15	2	200	»	Août	16	3	200	»
			450	»				450	»
1835					1835				
Mars	3	11	450	»	Mars	12	12	450	»
Avril	1	17	2000	»	Avril	9	18	8200	»
	3	18	6200	»	Juin	1	23	10033	50
	30	20	7033	50		6	24	725	»
						15	26	2000	»
			15233	50		30	30	1610	»
Mai	12	21	3000	»					
	22	22	725	»					
			18958	50					
Juin	14	26	2000	»					
	28	28	1610	»					
			22568	50				22568	50
Juin	30	30	1610	»	Juillet	2	30	1610	»

N/Sieur CÉLESTIN   DOIT.   AVOIR.

1835					1835				
Avril	29	20	300	»	Juin	7	25	1200	»
Juin	23	27	700	»		30	29	500	60
	30	30	700	60					
			1700	60				1700	60
Juillet	11	31	700	60	Juin	30	30	700	60

PROFITS ET PERTES *DOIVENT.*   *AVOIR.*

1834				1834			
Août	20	3	10 »	Août	25	3	20 »
Novembe	23	6	20 »	Décembe	31	8	2844 »
Décembe	23	7	50 »				
	24	7	3 »				
	27	7	600 »				
	31	8	301 »				
	31	8	1880 »				
			2864 »				2864 »
1835				1835			
Janvier	19	9	25 »	Mars	1	11	3 »
	23	10	6 65		31	16	5745 35
	31	10	26 30				
Mars	8	12	» 45				
	18	13	40 75				
	21	14	22 50				
	31	15	30 »				
	31	15	2850 43				
	31	16	2746 27				
			5748 35				5748 35
Avril	4	18	500 »	Avril	3	18	46 50
	9	18	30 75		27	19	2 96
	30	20	100 »				49 46
			630 75	Mai	24	23	100 »
Mai	4	20	18 40				149 46
	10	21	116 »	Juin	4	24	6 50
	15	22	4 10		16	26	7 50
	16	22	22 50				
	20	22	502 65				
	30	23	125 »				
	31	23	10 »				
			1429 40				
Juin	1	23	62 25				
	5	24	14 85				
	11	25	76 »				
	14	26	1 20				
	A transporter		1583 70		*A transporter*		163 46

Fol. 9.

PROFITS ET PERTES *DOIVENT* · *AVOIR.*

			Doivent					Avoir
		Transport	1583 70				Transport	163 46
1835					1835			
Juin	19	27	300 »		Juin	29	28	1 20
	21	27	443 »			30	28	27 »
	30	28	7544 66			30	29	5096 64
						30	29	4583 06
			9871 36					9871 36
Juillet	2	30	8 »		Juillet	24	33	60 »
	5	31	7 50			25	33	10170 27
	9	31	12 50			31	34	57 88
	11	31	35 20					
	17	32	» 75					
	20	32	367 38					
	23	33	4520 »					
	26	33	200 »					
	28	34	170 24					
	31	34	4966 58					
			10288 15					10288 15

CAISSE *DOIT.* *AVOIR.*

			Doit					Avoir
	Transport du folio 5		53996 76			Transport du folio 5		50561 40
1835					1835			
Juin	14	26	10998 80		Juin	11	25	1201 »
	15	26	2000 »			16	26	992 50
	20	27	200 »			18	27	2951 »
	27	28	6000 »			19	27	100 »
	30	28	27 »			23	27	5370 »
						29	28	7998 80
						30	30	4047 86
			73222 56					73222 56
Juin	30	30	4047 86		Juillet	1	30	4047 86

OUVRAISONS   *DOIVENT*   *AVOIR.*

1834					1834				
Juillet	1		1	220 »	Septemb^e	10		3	75 »
	5		1	23 80		20		3	14 »
	10		2	190 »	Octobre	16		5	10 »
	15		2	45 »	Novemb^e	5		5	1840 »
	31		2	425 »	Décemb^e	31		7	4020 »
Septemb^e	15		3	20 »					
	25		3	55 »					
	30		4	22 50					
	30		4	832 75					
Octobre	5		4	50 »					
	31		5	420 »					
Novemb^e	30		6	411 95					
Décemb^e	2		6	5 »					
	12		6	70 »					
	31		7	550 »					
	31		8	2618 »					
				5959 »					5959 »
1835					1835				
Mars	2		11	150 »	Mars	31		16	1850 »
	31		15	1700 »					
				1850 »					1850 »

FRAIS GÉNÉRAUX *DOIVENT.*   *AVOIR.*

1835					1835				
Juin	18		27	3551 »	Juin	30		29	5571 »
	23		27	2020 »					
				5571 »					5571 »

MENUS PLAISIRS *DOIVENT.*   *AVOIR.*

1834					1834			
Septemb^e	5		3	10 »	Décemb^e	31	8	10 »

MÉNAGE   *DOIT.*   *AVOIR.*

1834					1834		
Août	5	2	223 »		Décemb^e	31	291 »
Septemb^e	20	3	14 »				
Novemb^e	15	6	24 »				
	28	6	30 »				
			291 »				291 »
1835					1835		
Février	18	10	198 »		Mars	31	16	198 »

SAVONHUIL, DE St-PIERREVILLE,
DOIT.   *AVOIR.*

1835					1835		
Avril	2	17	600 »		Juin	18	27	600 »

PERUQFIN, de Chomérac, *DOIT.* | *AVOIR.*

1834					1834				
Août	31	100 »	3		Juillet	1		1	265 »
Septembe	30	300 »	4			1	500 »	1	
Octobre	26	105 »	5			25		2	500 »
Novembe	5		5	1465 »	Août	15		2	200 »
					Septembe	30		4	500 »
					Octobre	30	5 »	5	
		505 »		1465 »			505 »		1465 »

PERUQFIN, son compte a grande façon.

Novembe	5		5	375 »	Octobre	1	500 »	4	
Décembe	25	470 »	7			31		5	115 »
	31	40 »	7	4020 »		31		5	500 »
					Décembe	17		7	1000 »
						27		7	600 »
						31	10 »	8	
						31		8	2180 »
		510 »		4395 »			510 »		4395 »
Décembe	31		8	2180 »	1835				
					Février	18		10	98 »
					Mars	4		11	2000 »
						31		16	82 »
				2180 »					2180 »
1835									
Mars	31		16	82 »	Mai	14		21	82 »

DAUTHEVILLE, de Privas, *DOIT.* | *AVOIR.*

1834					1834				
Septembe	10		3	75 »	Juillet	10		2	190 »
Octobre	31		5	115 »					
				190 »					190 »

Fol. 13.

SOIES DE PERUQFIN, A SIMPLE FAÇON, EN LIQUIDATION.

1834					1834			
Septembᵉ	30	100	»	4	Octobre	26	105	»
Octobre	30	5	»	5				
		105	»				105	»

SOIES A COMPTE A DEMI, AVEC DUPUY, D'ANDUSE.

1835								1835							
Avril	11	600	»	18	6150	»		Mai	6	550	»	21	7029	»
	13			19	900	»			10	50	»	21	116	»
					7050	»								
Mai	8			21	95	»								
					7145	»						7145	»	

DUPUY, D'ANDUSE,   *DOIT.*   *AVOIR.*

1835					1835			
Avril	13	19	900	»	Mai	6	21	7029 »
Mai	8	21	95	»				
	22	22	1300	»				
			2295	»				
Juin	5	24	4734	»				
			7029	»			7029	»

CHAROUSSET, DE JOYEUSE, *DOIT.*   *AVOIR.*

1835					1835			
Mai	31	23	2000	»	Mai	2	20	2000 »

PREVOT, de Chadeyron, *DOIT.*　　　　　　*AVOIR.*

1835				1835			
Janvier	7	9	4000 »	Janvier	13	9	4050 »
	19	9	50 »	Mars	20	13	3160 »
Mars	17	13	3000 »		31	16	827 50
	22	14	987 50				
			8037 50				8037 50
	31	16	827 50	Avril	20	19	3037 50
Avril	19	19	6000 »	Mai	16	22	22 50
	23	19	2000 »				3060 »
	25	19	100 »	Juin	3	24	9000 »
			8927 50		30	30	334 50
Mai	14	21	3467 »				
			12394 50				
			12394 50				12394 50
Juin	30	30	334 50	Juillet	3	31	334 50

PONCET, de Baumont, *DOIT.*　　　　　　*AVOIR.*

1835				1835			
Janvier	27	10	1000 »	Mars	5	11	1005 »
Mars	25	14	1200 »				1195 »
			2200 »				2200 »
	31	16	1195 »	Avril	27	19	1198 40
Avril	16	19	3 40				
			1198 40				
			1198 40				1198 40

20

Fol. 15.

Ve GUERIN, DE LYON,   DOIT.   AVOIR.

1835					1835				
Février	4	10	4771	20	Janvier	19	9	5000	»
Mars	6	11	5257	70	Mars	3	11	450	»
	31	16	2949	53		7	12	3000	»
						21	14	3000	»
						24	14	300	»
						25	14	1200	»
						31	15	28	43
			12978	43				12978	43
Avril	5	18	1200	»	Mars	31	16	2949	53
Mai	15	22	6253	63	Avril	23	19	2000	»
								4949	53
						4	21	2500	»
						15	22	4	10
R			7453	63	R			7453	63
Juin	13	26	9763	92	Mai	15	22	6253	63
						31	23	10	»
								13717	26
					Juin	17	27	2400	»
						30	29	55	»
						30	30	1045	29
			17217	55				17217	55
Juin	30	30	1045	29	Juillet	9	31	1000	»
Juillet	13	32	16454	20		11	32	6848	22
	22	33	468	»		15	32	10000	»
						28	34	119	27
			17967	49				17967	49

CHAUSSINE, D'UZÈS,   DOIT.   AVOIR.

1835					1835				
Mars	29	15	385	»	Mars	31	16	385	»
	31	16	385	»	Mai	14	21	385	»

F. JAMEN, DE St-Étienne, *DOIT.* AVOIR.

1835					1835				
Mars	6	11	5168	15	Mars	8	12	3000	»
	31	16	2276	20		9	12	1200	»
						17	13	3000	»
						26	14	200	»
						31	15	44	35
			7444	35				7444	35
Avril	30	20	3000	»		31	16	2276	20
Juin	13	26	9661	20	Mai	4	21	8517	50
	29	28	8000	»	Juin	14	26	8000	»
						30	29	187	33
						30	30	1680	17
			20661	20				20661	20
Juin	30	30	1680	17	Juillet	9	31	1500	»
Juillet	13	32	15669	57		15	32	10000	»
						17	32	5000	»
						28	34	849	74
			17349	74				17349	74

SILHOL, DE St-Ambroix, *DOIT.* AVOIR.

1835					1835				
Mars	31	16	2400	»	Mars	14	13	2400	»
Juin	17	27	2400	»		31	16	2400	»

Fol. 17.

JEAN, DE PRIVAS, DOIT. — AVOIR.

1835					1835				
Mars	31	16	502 50		Février	23	10	500	»
					Mars	31	15	2	50
Juin	30	30	502 50			31	16	502	50
Juillet	3	31	502 50		Juin	30	30	502	50

PIERRE, DE PRIVAS, DOIT. — AVOIR.

1835					1835				
Février	28	11	1000 »		Mars	31	16	1005	15
Mars	31	15	5 15						
			1005 15					1005	15
	31	16	1005 15		Mai	20	22	1005	15

Mᵃᵈ. LAONDÈS, DES VANS, DOIT. — AVOIR.

1835					1835				
Mars	31	16	8000 »		Mars	10	12	8000	»
Mai	30	23	8000 »			31	16	8000	»

MANIFACIER, DE Sᵗ-AMBROIX. — AVOIR.

1835					1835				
Mars	31	16	1100 »		Mars	13	12	1000	»
						23	14	100	»
			1100 »					1100	»
Mai	30	23	1100 »			31	16	1100	»

BROSSET ET JAMME *DOIVENT* — *AVOIR.*

1835				1835			
Mai	6	21	14058 »	Mai	12	21	3000 »
	24	22	8100 »		14	21	3000 »
	26	23	321 75		22	22	2025 »
			22479 75		30	23	9225 »
					31	23	5000 »
Juin	4	24	6 50				22250 »
	11	25	1125 »				
	13	26	4416 12	Juin	5	24	5000 »
	30	30	4242 23		14	26	5000 »
					30	29	19 60
			32269 60				32269 60
Juillet	7	31	4242 23	Juin	30	30	4242 23

SCRIBE *DOIT.* — *AVOIR.*

1835				1835			
Mai	18	22	200 »	Juin	19	27	200 »

PROCÈS CONTRE CHICANO.

1835				1835			
Juin	10	25	250 »	Juin	20	27	250 »

MAUVAIS DÉBITEURS. Compte pour mémoire.

1835					1835				
Juin	21	Par Chrisocal,	443	»	Juin	30	Reçu de Chrisocal	27	»
					Juillet	19	*Idem.*	100	»
						21	Traité à forfait,	150	»
						21	Abandon sans rec.	166	»
			443	»				443	»

Fol. 19.

CHRISOCAL, DE PRIVAS, *DOIT.*   *AVOIR.*

1835						1835					
Juin	6		24	371	»	Juin	21		27	443	»
	10		25	72	»						
				443	»					443	»

FILATURE DE 1835   *DOIT.*   *AVOIR.*

1835						1835					
Juin	2	80000	24	12000	»	Juin	28		28	1010	«
	3	60000	24	9000	»		30	158000	28	25040	»
	7	18000	25	2700	»						
	23		27	2350	»						
		158000		26050	»			158000		26050	»

N/Sieur PAUL.   *COMPTE DE LIQUIDATION.*

1835						1835					
Juillet	1	30	4047	86	Juillet	5		31	510	»
	2	30	1602	»		7		31	4242	23
	3	31	334	50		11		32	701	80
	9	31	2487	50		23		33	4520	»
	17	32	4999	25		26		33	200	»
	19	32	100	»		27		33	24528	27
	20	32	26371	12		31		34	1340	»
	21	33	150	»		31		34	4966	58
	24	33	60	»						
	28	33	798	77						
	31	34	57	88						
			41008	88					41008	88

FIN DU GRAND-LIVRE.

EXEMPLES

D'ARITHMÉTIQUE COMMERCIALE.

Nous ne donnerons pas ici des principes d'arithmétique, ce n'est pas de la nature de cet ouvrage, mais nous voulons faire connaître à ceux qui savent autant de cette science qu'il en faut pour le commerce qu'ils entreprennent, l'art de simplifier les calculs et obtenir un plus prompt résultat.

DES FACTEURS ABRÉVIATEURS.

Le facteur abréviateur est un nombre qui est dans une proportion relative avec un autre, et qui, multiplié avec ce dernier, donne pour résultat une quantité cherchée; on en fait usage dans une infinité de cas, nous nous bornerons à établir ceux qui sont nécessaires à la conversion des poids, à la réduction d'une facture donnée, valeur au prix et condition des marchés d'une autre lacalité que celle où la vente a eu lieu, enfin celui qu'il faut pour trouver l'intérêt d'une somme.

Pour connaître le Facteur des poids de toutes les localités.

Pour connaître le facteur des poids de toutes les localités, il faut :
Si l'on veut convertir le kilogramme en livres anciennes :
1° Extraire du tableau comparatif du pays dont on veut connaître le nombre de livres, la quantité qu'égalent 100 kilogrammes;
2° S'il y a des onces où autres subdivisions de la livre, les convertir en fractions décimales;

3° Diviser le nombre trouvé par 100, en avançant la virgule de deux chiffres à gauche.

Le résultat sera le facteur par lequel on multipliera toutes les quantités en poids métrique que l'on voudra convertir.

Exemple : Quel est le facteur pour convertir les kilogrammes en livres de Nîmes ?

Pour y parvenir, nous relevons sur le tableau comparatif la quantité 100 kilogrammes, et nous trouvons qu'elle égale 242 liv. 3 onces; nous réduisons les 3 onces en fractions décimales en les divisant par 16 qui est leur dénominateur par rapport à la livre, et nous obtenons : 18 12/16 ou, abrégeant la fraction vulgaire, 0,19 qui, ajoutés aux entiers, forment le nombre 242,19; en le divisant par 100, nous aurons ci.   2,4219

Par la même opération, nous trouvons que pour convertir le kilogramme en poids de soies de Lyon, il faut multiplier par le facteur   2,0429

En celui de St-Étienne   2,1785

Si l'on veut convertir les livres en kilogrammes, on divise l'unité par le facteur convertisseur en livres.

Exemple : Quel est le facteur qu'il faut pour convertir la livre de Nîmes en kilogrammes ?

Nous divisons 1 par 2,4219, nous trouvons pour quotient le facteur   0,41288

Pour celle de Lyon   0,48951
Pour celle de St-Étienne   0,45903

Enfin cette manière de trouver le facteur s'applique à tous les poids, en prenant le kilogramme pour type comparatif.

On voit que par l'usage des facteurs, on peut en tous lieux et à tous les instants, réduire les poids en ceux dont on veut trouver l'équivalent, sans porter de tarifs; en ayant le soin de placer, dans son carnet, le nombre convertisseur.

Si nous voulons vérifier un compte de vente de Lyon, nous prenons le chiffre des kilogrammes, au bulletin de condition, en le multipliant par 2,0429, nous avons pour résultat le poids auquel notre soie a été vendue.

Si, expédiant un ballot pesé à l'ancien poids, nous voulons donner la quantité métrique dans notre lettre de voiture, nous multiplierons la quantité pesante par 0,41288.

C'est à l'usage à faire connaître la nécessité des cas, nous avons donné le moyen de les applanir.

On sait que le nombre des chiffres d'une fraction décimale est en raison de la justesse dont on veut approcher, ainsi on pourra en supprimer, si la matière dont on veut convertir la quantité n'est pas d'une telle nature, que l'abandon de quelque fraction, puisse porter un préjudice sensible.

On sera convaincu de l'inutilité de multiplier par cinq chiffres fractionnaires, si l'on fait attention qu'en multipliant les kilogrammes par 2,42 ou 2,4218, on ne fait qu'une erreur de 3 onces par chaque 100 kilogrammes.

Nous pourrons donc adopter pour facteur usuel : l'unité avec ses deux chiffres à droite, sauf à y ajouter les autres, si nous voulons atteindre plus de précision.

Lorsque les chiffres fractionnaires que l'on supprimera dépasseront la 1/2 de leur unité relative, il faudra ajouter 1 au facteur réduit, c'est-à-dire, que lorsque le nombre que l'on veut abandonner est plus des 5/10 du chiffre immédiatement à gauche, ce dernier devra être augmenté d'une unité.

Si, par exemple, nous réduisons à trois chiffres le facteur en livres de St-Étienne : nous supprimerons 85/100 du plus près chiffre restant, en ajoutant 1 à ce dernier, nous ne faisons qu'une petite erreur de 15/100, qui, étant elle-même un 15/1000 de l'unité, ne peut avoir, dans le calcul, qu'un effet imperceptible.

On remarquera que quoique nous convertissions les kilogrammes en livres, nous aurons, au produit, des fractions décimales, et par conséquent une quantité étrangère à la nature du poids que l'on cherche ; cela est vrai, mais n'offre pas de difficultés sérieuses, si nous sommes bien pénétrés que la livre se trouvera divisée en 100 au lieu de 16, que si nous avons 0,50, cela égale 8 onces, 0,25 4 onces, nous pourrons évaluer proportionellement les fractions intermédiaires.

Pour trouver combien le prix d'une place vaut à une autre.

Pour trouver combien le prix d'une place vaut à une autre, il faut :

1° Prendre un compte de vente fait sur le marché dont on veut établir le rapport proportionnel avec celui d'une autre localité.

2° Faire sur le même poids, un autre compte qui aura pour multiplicande les livres en poids du lieu que nous voulons comparer, sans avoir égard aux frais et conditions qu'on a fait subir au prix de la marchandise.

3° Nous établissons ensuite une proportion qui a, pour ses deux premiers termes, les deux résultats des comptes comparés et pour troisième l'unité.

La solution de cette règle de trois, sera le facteur cherché.

Exemple : Quel est le facteur pour convertir le prix de Lyon en celui de Privas?

Nous supposons qu'on nous ait fait une vente à Lyon, d'un ballot pesant net, après condition, 100 kilogrammes à 30 fr. la liv. de cette ville.

Nous savons, par les facteurs précédens, que le poids
du ballot égale   Liv.   204 29

                         à   F.   30

            Montent brut   F.   6128 70

      A déduire,

            12 1/2 p. o/o d'escompte   766 10

                                     5362 60

Commission, ducroire et courtage 3 p. o/o   160 87
Frais de condition   5 »   179 87
Voiture et port   14 »

            Produit net du ballot   F.   5182 73

Ce premier résultat est un de nos termes; nous établirons celui
qui doit lui être comparé, par le compte suivant :

Si on nous eut vendu poids de Nîmes, nous aurions 100
kilogrammes égalant   L.   242 19

                       à   F.   30

           Total net   F.   7265 70

Maintenant, pour trouver notre facteur, nous dirons :

Si 7265,70 se réduisent à 5182,73, à combien se réduira 1 fr.; le
résultat cherché est 0,713, qui est le nombre par lequel nous multiplierons le prix de Lyon, pour connaître celui auquel il est réduit,
marché et usage de Privas.

C'est par ces calculs que l'on peut trouver le prix comparatif de tous
les lieux entr'eux, quels que soient le poids, les usages et les différences
dans la manière de traiter les affaires.

Conséquemment, nous aurons pour facteur, de la conversion du
prix de St-Étienne en celui de Privas, le nombre   0,835

Pour connaître le prix des soies grèges, achetées marché et conditions de Lyon, le nombre   0,738

Pour connaître le prix des soies grèges de la place d'Aubenas, valeur
et condition de Lyon, le nombre   1,355

Par les raisons que nous venons de donner sur la quantité des chiffres fractionnaires, nous pourrons nous contenter de multiplier par
0,71, 0,83, 0,74 et 1,35, sans qu'il en résulte une différence sensible.

Du facteur pour trouver l'intérêt d'une somme.

Le facteur pour trouver l'intérêt, est le taux de l'intérêt même
divisé par 100; si nous voulons trouver le 4, 5 et 6 p. o/o d'une somme,
nous la multiplierons par 0,04, 0,05 et 0,06.

Ces facteurs étant le taux annuel, nous réduirons le résultat ou le facteur en raison du temps, si nous voulons connaître le montant d'un ou plusieurs mois, ainsi si c'est pour 6 mois, à 6 p. o/o nous multiplierons par o,o3, ou nous réduirons de moitié, le produit de o,o6, etc.

DES COMPTES COURANS.

Les comptes courans ont pour but d'établir combien un compte doit où il lui est dû, fin à une époque convenue, en comparant son débit avec son crédit.

Ils sont secs ou producteurs, selon que les capitaux ne portent pas d'intérêt ou que le taux et le rapport en sont convenus; dans le premier cas, on balance le compte sur le grand-livre et on en relève les chiffres tels qu'ils sont; dans le second, indépendamment de ce relevé, il faut calculer les intérêts que l'actif et le passif ont pu produire en raison du temps où les sommes sont devenues actives en nos mains, ou en celles de celui dont nous dressons le compte courant.

Ainsi : si nous avons prêté une somme le 10 juin et qu'on ne nous l'ait rendue que le 20, il nous est dû 10 jours d'intérêt; nos capitaux seront bien balancés, mais les intérêts ne le seront pas, parce que l'emprunteur aura joui de notre argent 10 jours de plus, que nous du sien.

Pour dresser un compte courant, on a une feuille volante tracée et disposée comme les modèles ci-après, on extrait du grand-livre les dettes et les capitaux; à l'aide de la colonne des folios du journal on va relever de ce dernier registre le sommaire de l'article et les échéances des sommes, ou le jour où elles sont devenues actives, par quelle cause que ce soit.

Enfin le compte courant a pour résultat de comparer les intérêts comme les capitaux et d'en porter la différence au crédit de celui en faveur de qui elle est. Deux manières sont employées pour y parvenir; l'une, qu'on appelle la méthode ordinaire; et l'autre, à supputation rétrograde; nous donnerons un exemple de chacune.

MM. BROSSET ET JAMME, NÉGOCIANS A LYO[N]

DOIVENT.   RÉGLÉ AU 30 JUIN 18[35]

1835										
Mai	6	14058	»			Vente à nos deux ballots	31	Mai	30	421
	24	8100	»	8000	»	Pour 400 liv. de soie grège . . . . . , .	24	Mai	37	299
				100	»	Commission . . . . . , ...				
	26	321	75			Notre intervention sur Privas	20	Mai	41	13
Juin	4	6	50			Commission d'encaissement	4	Juin	26	
	11	1125	»			Notre traite protestée . . . , ...	5	Juin	25	28
	13	4416	12			Vente à un ballot	12	Juillet	12	*52
						Balance des nombres				117
		4242	19			Solde en leur faveur, à nouveau.				
		32269	56							880[0]

* Nombre rouge.

DOIVENT.   COMPTE COURANT

1835										
Mai	6	14058	»			Vente à nos deux ballots	31	Mai	11	154
	24	8100	»	8000	»	Pour 400 liv. de soie grège	24	Mai	4	32
				100	»	Commission				
	26	321	75			Notre intervention sur Privas	20	Mai	époque	
Juin	4	6	50			Commission d'encaissement	4	Juin	15	
	11	1125	»			Notre traite protestée	5	Juin	16	18
	13	4416	12			Vente à un ballot	12	Juillet	53	234
						Excédant des capitaux 4222 63, valeur	30	Juin	41	173
		4242	19			Solde en leur faveur, à nouveau.				
		32269	56							612

ᴿ COMPTE COURANT CHEZ PAUL ET CÉLESTIN,

ÊTS A 6 POUR CENT L'AN. 　　　　　　　　　*AVOIR.*

12	3000	»			Notre traite, notre ordre				
14	3000	»			d° 　　　　ordre Prevot	31	Mai	30	198000
			600	»	Remise sur Anduse				
22	2025	»	700	»	d° 　　　　d° 　　. , ...	25	Mai	36	25200
			350	»	d° 　　sur Privas.	4	Juin	29	9100
			375	»	d° 　　　　d° 　.				
30	9225	»	8100	»	Notre traite, ordre Laondès.	5	Juin	25	240000
			1125	»	d° 　　　　ordre Manifacier				
31	5000	»			Remise sur Privas, échue	31	Mai	30	150000
5	5000	»			Leur traite, sur Dupuy, notre ordre .	5	Juin	25	125000
14	5000	»	3000	»	Remise sur Privas.	14	Juin	16	80000
			2000	»	d° 　　　　d° 　.				
					Nombres rouges du débit.				52993
	19	56			Intérêt s/117367 nombres, diviseur 6000				
	32269	56							880293

Sauf erreurs ou omissions.

ivas, le 1ᵉʳ *juillet* 1835.

PAUL ET CÉLESTIN.

ᴾUTATION RÉTROGRADE. 　　　　　　　　　*AVOIR.*

12	3000	»			Notre traite, notre ordre				
14	3000	»			d° 　　　　ordre Prevot.	31	Mai	11	72600
			600	»	Remise sur Anduse				
22	2025	»	700	»	d° 　　　　d° 　.	25	Mai	5	3500
			350	»	d° 　　sur Privas.	4	Juin	15	5250
			375	»	d° 　　　　d° 　.				
30	9225	»	8100	»	Notre traite, ordre Laondès.	5	Juin	16	153600
			1125	»	d° 　　　　ordre Manifacier				
31	5000	»			Remise sur Privas, échue	31	Mai	11	55000
5	5000	»			Leur traite, sur Dupuy	5	Juin	16	80000
14	5000	»	3000	»	Remise sur Privas.	14	Juin	25	125000
			2000	»	d° 　　　　d° 　.				
	19	56			Balance des nombres, diviseur 6000 .				117367
	32269	56							612317

EXPLICATION DES DEUX MÉTHODES.

Les deux méthodes ne diffèrent que dans la manière de calculer les intérêts; par la première, on compte les jours courans depuis l'échéance ou la possession des sommes, jusqu'à l'époque du réglement; par la seconde, on ramène les sommes valeur à un jour antérieur à celui fixé pour clôre le compte, en comptant les jours courus depuis l'époque convenue, jusqu'aux échéances.

Le nombre des jours pris en avant ou en rétrogradant, sont placés dans l'avant-dernière colonne du débit et du crédit, ensuite on les multiplie avec les capitaux, et on obtient un produit dont les unités s'appellent *nombres*, lesquels divisés par 6000 donnent l'intérêt de 6 p. o/o, pour quotient.

Pour éviter de faire une division à chaque article, on n'extrait l'intérêt des nombres que lorsqu'on a fait la somme totale des produits partiels des diverses multiplications; on compare ensuite les totaux trouvés au débit et au crédit, et on ne divise que l'excédant de l'un sur l'autre. Comme nous l'avons dit dans le cours de cet ouvrage; l'inscription d'une somme, au côté d'un compte, annulle pour autant celle du côté contraire, et il n'y a de fait, à l'actif ou au passif, que la différence qui existe dans leur chiffres, si, par exemple : nous avons 6000 nombres, et que notre correspondant n'en ait que 4000, il n'y aura réellement que 2000 dont nous devions écrire les intérêts en faveur de qui ils sont, les autres 4000 étant anéantis par la compensation.

C'est d'après ce raisonnement, que dans la méthode ordinaire (le premier modèle), nous avons inscrit les jours courus depuis les échéances jusqu'au 30 juin, que nous les avons multipliés par les capitaux relevés au grand-livre et que nous avons obtenu 880293 nombres au crédit du compte conrant, et seulement 763926 au débit; nous avons balancé ces deux totaux en mettant, selon l'usage, un nombre égal à la quantité manquant pour les niveller, il a fallu ajouter au débit 117367, qui est le nombre qu'il faut diviser par 6000.

Le côté d'un compte qui aura le plus de nombres sera celui ou devront reposer les intérêts produits de la division, par 6000, des nombres reliquataires du côté opposé.

Le jour où l'on fixe le réglement d'un compte, toutes les sommes qui y sont portées ne sont pas toujours actives, il peut arriver que l'ont ait écrit le compte de vente d'un ballot ou une remise, et que le terme ou son échéance ne soit pas arrivé à l'époque du compte courant, dans ce cas est le ballot valeur au 12 juillet, figurant au modèle; nous n'avons pas des intérêts courus à constater, mais au contraire un escompte à faire en raison du temps de l'inactivité de la somme, ce rabais s'opèrera en multipliant cette dernière par le nombre de jours postérieurs à l'époque du réglement, et en portant le produit à la colonne des nombres du côté opposé, après l'avoir préalablement écrit à l'autre colonne, mais en encre rouge, afin de ne pas le comprendre dans l'addition des nombres de son côté.

Le résultat des intérêts étant connu et capitalisé : on balance les capitaux, on en passe le solde, à nouveau sur les registres de la même manière que sur le compte courant; nous avons à cette fin divisé 117367 par 6000, et avons eu pour résultat 19 f. 56, que nous avons portés au crédit.

Il y a dans la méthode ordinaire deux inconvéniens qui, sans en altérer la justesse, ont dû faire chercher le moyen de les faire disparaître, ce sont : 1° L'emploi des nombres rouges et leur transposition au côté opposé à celui qui les a produits; 2° la nécessité de connaître l'époque du réglement avant de pouvoir travailler à le dresser; la méthode dite à supputation rétrograde (second modèle), exempte de toutes ces difficultés, et, tout en dispensant de nombres rouges, permet au teneur de livres de faire un compte courant à fur et à mesure d'écritures, quel que soit le jour où le réglement définitif sera arbitrairement fixé. Voici la manière d'opérer.

Lorsqu'on a, comme dans le précédent, relevé les écritures, on met à la colonne des jours, non pas ceux courus jusqu'au réglement, mais ceux antérieurs à l'échéance des capitaux en allant à rebours et rétrogradant jusqu'à l'époque à laquelle on veut ramener la valeur des sommes.

Cette époque est ordinairement la première échéance d'un des capitaux du compte, ou celle du dernier réglement, s'il y a eu lieu; on multiplie, comme dans l'autre méthode, les capitaux par les jours, et on a aussi pour produit, des nombres qui, divisés par 6000, donneront pour quotient l'escompte qu'il faudra retrancher du côté qui l'aura donné.

C'est d'après ce raisonnement que, prenant pour époque le 20 mai qui est la première échéance, au lieu de compter les jours depuis lors jusqu'au 30 juin, nous avons compté ceux qui dépassaient le point de départ choisi.

On remarquera que nous avons multiplié la différence des capitaux des côtés du compte, par un nombre de jour égal à l'espace qui sépare l'époque du point de départ et celle où nous voulons arrêter le compte, c'est-à-dire, depuis le 20 mai jusqu'au 30 juin.

Pour expliquer cette circonstance, nous entrerons dans l'esprit du compte à supputation rétrograde :

L'existence d'une somme est une quantité qui change selon que l'on en donne la valeur avant ou après une époque convenue; si l'on nous demande la valeur de 106 fr. antérieure d'un an, nous répondrons que c'est 100 fr., parce que les 6 fr. en sus ne sont que le produit capitalisé de l'intérêt à 6 p. o/o, conséquemment, si l'on nous demande combien 100 fr. valent valeur à un an, nous dirons 106 fr.

De cette manière on peut ramener, à sa valeur antérieure, une somme présente; comme l'on peut, par anticipation, en constater l'augmentation par le produit régulier qui lui est inhérent.

Cela posé, nous convenons qu'en défalquant les intérêts d'un certain temps, nous ramenons la somme valeur au premier jour de ce temps, quelles que soient les longueurs des échéances.

Les capitaux de l'actif et du passif d'un compte, une fois réduits valeur à une époque commune, il suffira de connaître les intérêts de la différence des capitaux jusqu'à l'époque à laquelle nous voulons fixer la clôture du réglement.

En effet, dans le compte courant que nous avons donné pour modèle, nous avons réduit les capitaux valeur au 20 mai; si nous voulons donner l'état actif du créditeur, au 30 juin, nous n'aurons qu'à multiplier le solde capital que nous lui devons, par 41 jours qui forment l'espace du 20 mai au 30 juin.

Le produit de cette dernière opération sera des nombres que nous placerons au côté le plus faible en capitaux, parce que la colonne des nombres étant autant de chiffres escompteurs, ils doivent être placés au côté qui n'avait pas atteint le niveau.

Nous avons donc deux colonnes renfermant des nombres qui, réduits en intérêts, doivent être défalqués des capitaux qui les ont produits, et dont la quantité est en raison du retard qui existe entre l'époque et leurs échéances.

Le côté de la colonne qui a le moins de nombres, est celui qui sera le moins escompté, et par conséquent, celui ou devra figurer l'excédent des escomptes du côté contraire; parce que, pour abréger, nous n'opérerons pas l'escompte partiel, mais regardant les nombres annulés, au côté qui en a le plus, jusqu'à concurrence de celui qui en a le moins, l'excédent sera l'escompte seul que devront subir les capitaux qui l'ont produit, ce qui aura lieu de fait, en portant au côté le moins chargé de nombres, le quotient trouvé, car on grève l'actif ou le passif d'un compte en portant une somme au côté contraire.

Il y a donc, de fait, deux réglemens par la dernière méthode, l'un qui donne toutes les sommes valeur à une époque arbitrairement choisie, afin que, pour effectuer l'autre, on n'ait qu'à compter l'intérêt du solde du premier, jusqu'au jour où l'on veut arrêter les écritures.

Ces deux comptes ont lieu en même temps, parce que, comme dans l'hypothèse, après avoir écrit à leurs colonnes les nombres escompteurs, nous avons de suite cherché les intérêts de 4222 fr. 63 que nous devions en capital à Brosset et Jamme et avons multiplié cette somme seulement, valeur au 20 mai, par 41 jours, ce qui nous a produit 173128 nombres que nous avons placés au débit du compte pour y agir au même titre que ceux que renferme déjà la colonne, c'est-à-dire, à la réduction du débit, ce qui équivaut pour autant, à l'augmentation du crédit.

En comparant ensuite les deux quantités de nombres, nous avons trouvé qu'il fallait ajouter au crédit 117367 pour égaler ceux du débit; nous avons divisé cette somme par 6000, et eu pour quotient 19 fr. 56, que nous avons placés au crédit comme devant réduire pour autant le débit.

On voit que ce mode est plus avantageux que le premier, puisqu'on peut dresser le compte courant sans connaître le jour où il sera arrêté, et que dans le haut commerce on peut disséminer un travail qui arriverait en même temps.

Nous avons dit qu'il fallait diviser les nombres par 6000 sans en donner la cause, la voici :

Pour plus de précision, on compte, dans le commerce, l'intérêt par jour sur le pied de 360 par an; pour abréger le calcul, il a fallu trouver quel était le chiffre d'intérêt d'un jour par rapport à un capital donné.

On a supposé 100 fr. qui portent 6 fr. pour 360 jours, et on a dit : si l'on a pour 360 jours, 6, on aura pour un jour, 6/360 pour chaque 100 fr., ou 1/60.

L'intérêt d'un jour est donc le 1/60 de chaque 100 f., ou 1/6000 de l'unité monétaire, d'un franc.

En multipliant chaque capital par le nombre de jours, et divisant le produit par 6000, on trouve l'intérêt cherché; nous avons vérifié l'opération en multipliant 100 par 360 = 3600, qui, divisés par 6000 — 6 fr. ou le taux cherché, quoique nécessairement il doive y avoir un diviseur pour chaque taux d'intérêt, on pourra se dispenser de leurs recherches en prenant pour type de tous les autres, celui de 6 p. o/o, avec son diviseur 6000, on obtiendra tous les taux voulus en réduisant ou augmentant le quotient trouvé, en raison de ce que le taux cherché dépassera ou sera moindre que le chiffre 6 que nous prenons pour base; ainsi, si c'est à 9 p. o/o, nous ajouterons le 1/3 en sus; si, au contraire, ce n'est qu'au 5, on prendra les 5/6, etc.; néanmoins ce dernier taux se présentant souvent, nous donnons son diviseur qui est 7200.

Chaque nombre n'étant que le 6000ᵐᵉ de ce que nous cherchons, nous pourrons supprimer un ou deux chiffres à gauche du produit en en retranchant autant au diviseur sans nuire au résultat; il est de l'usage du commerce d'en faire disparaître deux et de diviser par 60, le teneur de livres est l'arbitre de ces deux moyens; en effet, nous remarquons que le quotient de 117367 nombres par 6000 ou 1174 par 60 donnent la même somme, 19 fr. 56.

Journa

CAISSE

Solde du Compte vieux, argent en caisse, F.	8514
——— Du 1er avril 1835. ———	
a Capital; la mise de fonds de n/sieur Célestin,	6000
——— Du 9 avril. ———	
a Porte-feuille; reçu de diverses négociations,	8169
——— Du 20 avril. ———	
a Prévot; pour autant, que nous a remboursé M. Cotte, pour avaries,	100
	22783
——— Du 21 avril. ———	
a Elle-même, compte vieux; numéraire en caisse, au réglement de ce jour,	763
——— Du 27 avril. ———	
a Divers; négociation de notre traite sur Poncet,	1201
——— Du 30 avril. ———	
a Magasin; reçu du produit des ventes des soies,	5912
	7877
——— Du 30 avril. ———	
a Elle-même, compte vieux; numéraire en caisse,	7277

Caisse.

Du 2 avril.		
Par Savonhuil; pour à compte de ce dernier,	600	»
Du 3 avril.		
Par Porte-feuille; débours pour divers escomptes,	6153	5o
Du 5 avril.		
Par V⁰ Guerin; donné à M. Dejoux, par lettre de crédit,	1200	»
Du 7 avril.		
Par Magasin; achat de 100 kilog. de soie grège, à 25 fr. 25 la liv.,	6112	85
Du 11 avril.		
Par Soies a compte a demi avec Dupuy; achat de soie grège,	615o	»
Du 13 avril.		
Par Soies a compte a demi avec Dupuy; payé pour n/moitié,	900	»
Par Dupuy; pour ce que nous avons payé pour lui,	900	»
Du 16 avril.		
Par Poncet, de Baumont; pour ports de lettres à sa charge;	3	4o
Par Elle-même; compte nouveau, pour balance,	763	5o
	22783	25
Du 29 avril.		
Par Divers; donné à n/sieurs Paul et Célestin — 3oo / 3oo,	600	»
Par Elle-même; compte nouveau, pour balance,	7277	11
	7877	11

Journal des Ouvriers.

JEAN REVEIL, DE VALENCE, *entré le 12 juillet* 1834.

Juillet	5	Maladie.	1/4
.	15	Fraise cassée.	1/2
	17	De mariage.	1 1/4

— Du 31 juillet. —

Montant de ses gages,	F. 40 »	} 23
11 jours du mois, à rabattre, F. 14 65	} 16 30	
2 jours de temps perdu, 1 65		
Reste dû .... F. 23 70		

Août	12	A cessé aujourd'hui pour un temps in-déterminé.	
	20	Est rentré aujourd'hui	8
	27	Donné à compte 3 liv. de liens.	

— Du 31 août. —

Ses gages,	F. 45 »	} 30
A rabattre :		
8 jours de temps perdu, F. 12 »	} 14 25	
3 liv. de liens, à 75 cent., 2 25		} 2

MION ET JULIE BOURRIÈRES, DE FOND-GRAND, *entrées le 1er janvier* 1835.

Janvier	15	Mion a été en visite.	3
	18	Julie, de baptême.	1/2
	25	Julie au catéchisme.	1/4
	26	Manque d'eau.	3/4
	29	Vogue de St-Flaneur.	1
	30	Cautionné pour elles, 7 francs.	

— Du 31 janvier. —

Montant de leurs gages, F. 12/18,	F. 30 »	} 19
A rabattre :		
Mion, 3 jours, à F. 12, F. 1 20		
Julie, 3/4, à F. 18, » 45	} 10 40	
Ensemble, 1 3/4, à F. 30, 1 75		
Cautionnement acquitté, 7 »		} 7

EXPLICATION.

On met, à la première et à la seconde colonne, la date du temps perdu; dans la troisième et la quatrième, sa cause et sa durée.

Les colonnes à droite sont tenues comme au journal. A la tête de chaque article, on met le gage que gagne l'ouvrier, et duquel on défalque le temps perdu, les à comptes ou paiemens en nature qui ont dû être portés à la colonne de gauche.

Tout retranchement fait aux gages d'un ouvrier, pour sommes données en argent ou en nature, avant le réglement du solde, doit être sorti à la colonne des débours.

TABLE ALPHABÉTIQUE

DES MATIÈRES CONTENUES DANS LE TRAITE.

TABLE DES MATIÈRES.

FIN DE LA TABLE.

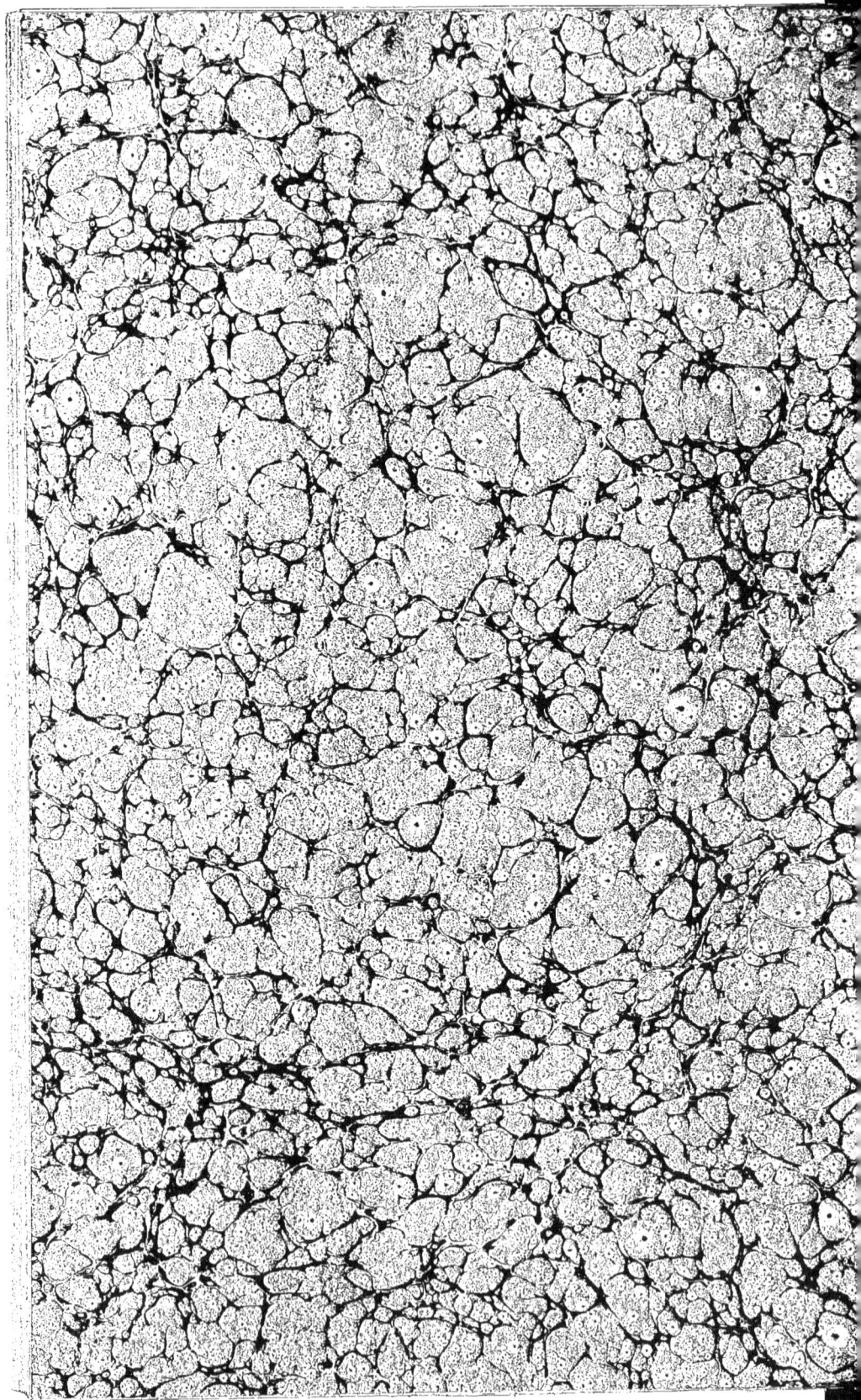

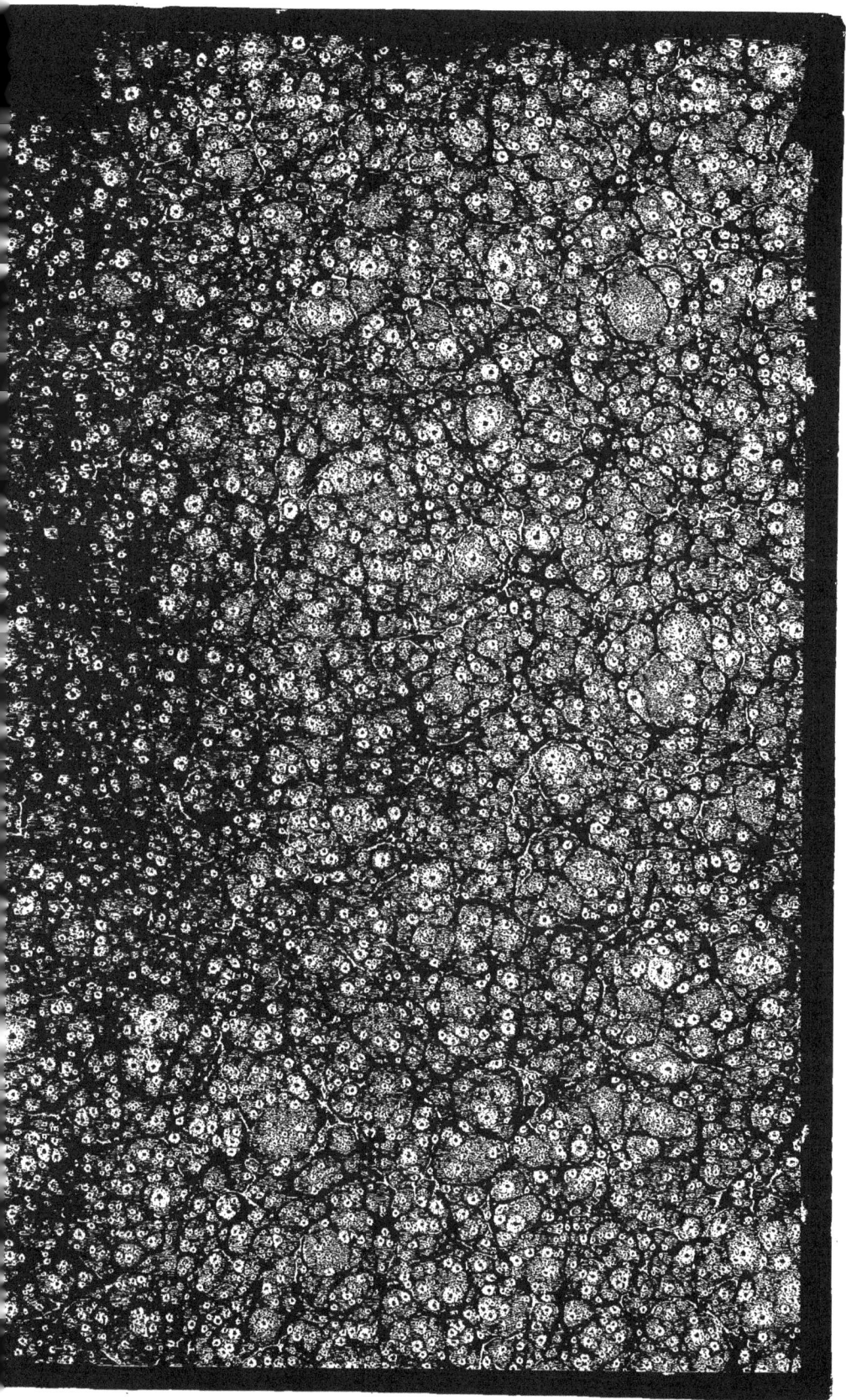

www.ingramcontent.com/pod-product-compliance
Lightning Source LLC
Chambersburg PA
CBHW060547210326
41519CB00014B/3378